解 读 地 球 密 码

丛书主编 孔庆友

健 康 之 水
矿 泉 水

Spring Water
The Healthy Water

本书主编 刘小琼 吴国栋

山东科学技术出版社
·济南·

图书在版编目（CIP）数据

健康之水——矿泉水 / 刘小琼，吴国栋主编 . -- 济南：山东科学技术出版社，2016.6（2023.4 重印）
（解读地球密码）
ISBN 978-7-5331-8369-1

Ⅰ . ①健… Ⅱ . ①刘… ②吴… Ⅲ . ①矿泉水—普及读物 Ⅳ . ① TS275.1–49

中国版本图书馆 CIP 数据核字（2016）第 141413 号

丛书主编 孔庆友
本书主编 刘小琼 吴国栋
参与人员 郭加朋 王 莹 王 建

健康之水——矿泉水
JIANKANG ZHI SHUI——KUANGQUANSHUI

责任编辑：焦 卫 魏海增
装帧设计：魏 然

主管单位：山东出版传媒股份有限公司
出 版 者：山东科学技术出版社
　　　　　地址：济南市市中区舜耕路 517 号
　　　　　邮编：250003 电话：（0531）82098088
　　　　　网址：www.lkj.com.cn
　　　　　电子邮件：sdkj@sdcbcm.com
发 行 者：山东科学技术出版社
　　　　　地址：济南市市中区舜耕路 517 号
　　　　　邮编：250003 电话：（0531）82098067
印 刷 者：三河市嵩川印刷有限公司
　　　　　地址：三河市杨庄镇肖庄子
　　　　　邮编：065200 电话：（0316）3650395

规格：16 开（185 mm × 240 mm）
印张：5.5 字数：100 千
版次：2016 年 6 月第 1 版 印次：2023 年 4 月第 4 次印刷
定 价：32.00 元

审图号：GS（2017）1091 号

普及地质科学知识
提高民族科学素质

李廷栋

2016年元月

传播地学知识，弘扬科学精神，
践行绿色发展观，为建设
美好地球村而努力。

瞿裕生
2015年10月

贺 词

 自然资源、自然环境、自然灾害，这些人类面临的重大课题都与地学密切相关，山东同仁编著的《解读地球密码》科普丛书以地学原理和地质事实科学、真实、通俗地回答了公众关心的问题。相信其出版对于普及地学知识，提高全民科学素质，具有重大意义，并将促进我国地学科普事业的发展。

国土资源部总工程师 王守嘉

 编辑出版《解读地球密码》科普丛书，举行业之力，集众家之言，解地球之理，展齐鲁之貌，结地学之果，蔚为大观，实为壮举，必将广布社会，流传长远。人类只有一个地球，只有认识地球、热爱地球，才能保护地球、珍惜地球，使人地合一、时空长存、宇宙永昌、乾坤安宁。

山东省国土资源厅副厅长 王桂鹏

编著者寄语

★ 地学是关于地球科学的学问。它是数、理、化、天、地、生、农、工、医九大学科之一，既是一门基础科学，也是一门应用科学。

★ 地球是我们的生存之地、衣食之源。地学与人类的生产生活和经济社会可持续发展紧密相连。

★ 以地学理论说清道理，以地质现象揭秘释惑，以地学领域广采博引，是本丛书最大的特色。

★ 普及地球科学知识，提高全民科学素质，突出科学性、知识性和趣味性，是编著者的应尽责任和共同愿望。

★ 本丛书参考了大量资料和网络信息，得到了诸作者、有关网站和单位的热情帮助和鼎力支持，在此一并表示由衷谢意！

科学指导

李廷栋　中国科学院院士、著名地质学家
翟裕生　中国科学院院士、著名矿床学家

编著委员会

主　　任	刘俭朴	李　琥			
副 主 任	张庆坤	王桂鹏	徐军祥	刘祥元	武旭仁	屈绍东
	刘兴旺	杜长征	侯成桥	臧桂茂	刘圣刚	孟祥军
主　　编	孔庆友				
副 主 编	张天祯	方宝明	于学峰	张鲁府	常允新	刘书才

编　　委　（以姓氏笔画为序）

卫　伟	王　经	王世进	王光信	王来明	王怀洪
王学尧	王德敬	方　明	方庆海	左晓敏	石业迎
冯克印	邢　锋	邢俊昊	曲延波	吕大炜	吕晓亮
朱友强	刘小琼	刘凤臣	刘洪亮	刘海泉	刘继太
刘瑞华	孙　斌	杜圣贤	李　壮	李大鹏	李玉章
李金镇	李香臣	李勇普	杨丽芝	吴国栋	宋志勇
宋明春	宋香锁	宋晓媚	张　峰	张　震	张永伟
张作金	张春池	张增奇	陈　军	陈　诚	陈国栋
范士彦	郑福华	赵　琳	赵书泉	郝兴中	郝言平
胡　戈	胡智勇	侯明兰	姜文娟	祝德成	姚春梅
贺　敬	徐　品	高树学	高善坤	郭加朋	郭宝奎
梁吉坡	董　强	韩代成	颜景生	潘拥军	戴广凯

编辑统筹　宋晓媚　左晓敏

目 录
CONTENTS

Part 2 矿泉水成因揭秘

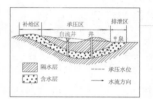

深循环矿泉水 / 19

在地壳深部水流缓滞，水循环交替速度缓慢，地下水在漫长的地下深循环中，长期与围岩接触，受溶滤、离子交换等一系列物理、化学作用影响，最后沿地壳裂隙运移上升，涌出地表形成各种类型的矿泉水。

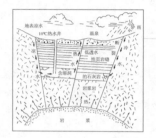

地壳活动断裂形成矿泉水 / 20

地壳在形成过程中，受多期构造运动的影响，出现一系列断裂和复杂的地质结构，并形成了丰富、良好的储水空间，断裂带为地下水的运动提供了通道，地下水沿断裂上涌至地表形成矿泉。

近代火山活动形成矿泉水 / 21

在火山活动过程中，当火山活动产生的水、气上升通道被岩浆淤塞时，水、气就封存在地下，并随着火山活动的结束，而渐渐冷却下来，形成大量深藏地下的含有二氧化碳并富含多种微量元素的矿泉水。当有构造断裂和此种水系统连通时，矿泉水就会涌出地表形成矿泉。

Part 3 矿泉水益人健康

微量元素与人体健康 / 25

水是维持人体健康所需元素的重要物质，也是致害因素的媒介。矿泉水是一种理想的人体微量元素补充剂，其含有的钙、镁、硅、锂、锌、硒、锶、碘、溴等特征元素是生命构成的基础，与人体健康联系紧密。

医疗矿泉水与保健作用 / 34

明代名医李时珍的《本草纲目》中记载："温泉主治诸风湿、筋骨挛缩及肌皮顽症、手足不遂、无眉发、疥癣诸症……"温泉具有消炎止痛、降血压、调节神经系统的功效和作用，对皮肤病、风湿性关节炎、神经衰弱等多种疾病有显著疗效。

Part 4 中外矿泉水大观

全球矿泉水精华 / 40

全球各地的天然矿泉水，都未经任何的物理和化学加工。有的来自无人居住区的天然冰川，有的来自森林保护区的地下岩层；有海岛天然沉积水，也有火山岩层储水；有水龄过万年的原生态水，也有近于纯净的冰河水。

中国矿泉水荟萃 / 46

我国天然饮用矿泉水资源分布较广，矿泉水点遍及全国，矿泉水中以碳酸、硅酸、锶矿泉水为数最多。其形成分布规律受地质构造、火山活动、地形地貌、地层岩性、地下水类型等因素控制。

山东矿泉水聚珍 / 55

山东省处于亚欧板块与太平洋板块交接处，地壳活动活跃，为矿泉水的形成创造了有利的地质条件。具有矿泉水类型多、水化学类型复杂、矿化程度较低、赋存岩类及矿泉水含水岩组齐全、岩性复杂、受构造控制明显等特征。主要类型矿泉水在各类岩石中的分布也具有一定的规律性。

Part 5 矿泉水开发及保护

矿泉水开发利用历史与现状 / 67

世界各国有关矿泉水的历史文化可追溯至公元前2000年。欧洲是世界上矿泉水开发最早的地区，其中尤以法国、德国等国家的矿泉水开发尤为悠久。我国对矿泉水的开发利用也有着久远的历史，人们从利用天然温泉治疗疾病开始，发展到饮用，经历了漫长的过程，目前，对矿泉水的开发手段已经相当成熟。

矿泉水水源地的保护 / 72

天然矿泉水含有丰富的宏量元素和微量元素，并且不含有任何热量，也未经污染，是一种人体理想的矿物质补充来源。它是在几百万年甚至更久远的地质年代中所形成的，人类要珍惜和保护这些可贵的资源。

地学知识窗

Part 1 矿泉水概念释义

　　矿泉水是从地下深处自然涌出的或者是经人工抽取的、未受污染的地下矿水。它来自地下数千米深处，经过数百年、上千年甚至上万年的深部循环，在地质作用下形成，含有一定量的矿物质和微量元素。由于矿泉水未受污染，形成周期长，资源有限，它是已脱离了水属性的宝贵矿产资源。

水的基本知识

一、水的结构

为更好地了解矿泉水，我们先来了解水的结构、特性及水中组分。有的学者将水概括为八个字：惊人、迷人、平凡和奇特，让我们通过以下的介绍来领会这八个字的真正含义。

现在可以人工合成胰岛素，DNP结构也已清楚，但水的结构仍然是个谜，是一个已进行大量研究但仍然存在不少争论的课题。

——地学知识窗——

地球水是怎样产生的？

水是氢和氧的最普遍的化合物，化学式为H_2O（图1-1）。起初水以结晶水的形式存在于陨石之中。地球内部剧烈运动造成地震和火山爆发，晶体水变成水汽，连同岩浆热气喷发出来，飘移在大气中。随着地壳逐渐冷却，大气的温度也慢慢地降低，水气以尘埃为凝结核，变成水滴，越积越多，形成雨滴，降落地面，顺川谷形成河流，沿途渗入地下，流至地球最凹处形成原始海洋。

△ 图1-1 H_2O

教科书上介绍了水的结构，水分子为偶极分子，氧原子居中，两个氢原子位于一个面的两个对角，键角104.5°。氧原子的八个电子中有两个靠近原子核，两个包含在与氢原子结合的键中，而两对弧对电子则形成两个臂，伸向与包含氧原子的面相对的另一面的两个对角，使正、负电子不重合，形成偶极分子。弧对电子

的两个臂能吸引邻近水分子中氢原子局部正电荷的带负电区域，借此把水分子联结起来（图1-2），分子间氢键力的大小为18.81 kJ／mol，相当于O-H共价键的1／20左右。氢键使水分子发生缔合，缔合的水减弱了水分子的极性，传递离子的能力也降低，故长期静置的水缔合程度大，"活性"严重丧失而成为"死水"。在加热、外加磁场等作用下，水分子间的氢键将不同程度地被破坏，从而降低了缔合度而活化。因此，物质一般在热水中溶解度大。

氢键犹如联结相邻水分子内两个氧原子的桥梁，氢键有高度韧性，但键长不固定，可发生摆动而不易断开，以此来阻止水分子向蒸气飞脱，否则地球的海洋就会是气态的，而生命就不复存在。

（1）自然界中只有水呈气态时，才呈单分子水。由于氢键联结，相邻水分子能以（H_2O）$_n$的巨型分子存在，但它不引起水的化学性质的改变，这就是水分子的缔合作用。水的相态转化便是靠了这种氢键力的作用。液态水是巨型水分子（H_2O）$_n$和一些"比较自由"的水或单体水分子的混合物。

（2）液态水结构中除了正态结构外，还有双变态结构水。正态结构水中氢

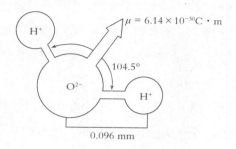

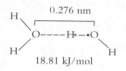

▲ 图1-2 水分子与氢键的结构参数图

——地学知识窗——

水

水是构成一切生物体的基本成分。不论是动物还是植物，均有赖于水维持最基本的生命活动。所以，水是生命之源泉，也是人类最必需的营养素之一。人的身体有50%～70%是水分。体内的水分主要与蛋白质、脂类或碳水化合物相结合，形成胶体状态。人体总水量中约50%是细胞内液，其余50%为细胞外液，包括细胞间液、血浆，维持着身体内环境水和电解质的平衡。

的两个原子位于一个侧面，而双变态结构水则被对角侧面所捕获，一般液态水中正态结构含量为0%~75%，双变态结构含量为25%~100%。

（3）水在其他溶液中要离解，温度增高，压力增大时酸度增加。如25℃时，水的离解平衡常数K_{aq}为1.8×10^{-16}（即pH=7.00）；当温度为60℃时，K_{aq}为9.614×10^{-14}（pH=6.51）。水的电解产物有H_3O^+、$H_9O_4^+$、OH^-等。

（4）温度和压力对水结构有影响。水的密度在4℃时出现最大值，超过或低于此温度时，密度变小，说明4℃时水结构有一定的转化。在0℃时，液态水密度为0.99 987g／cm^3，冰的密度为0.917g／cm^3，所以冰能浮在水面上。

天然矿泉水一般为深循环的地下水，地下深处温度、压力都高，这也是很多天然矿泉水富含硅酸的原因之一。

（5）盐类离子进入水溶液后（图1-3），被水分子所包围形成水合层。不同离子的水合数不同，各国学者所做实验得出的水合数也不尽相同。但一般来说，电荷密度越高的离子水合程度越大。假若

图1-3 盐类离子进入水溶液

是电解质溶于水，会使溶液的体积比溶质和溶剂原来体积之和要小。这是因为离子的库仑引力与水偶极的局部电荷相互作用，具有足够的强度，使水分子接近离子，因而缩小了紧靠离子附近溶剂的体积（电缩作用），说明电解质的加入在一定程度上加强了液态水的结构，并降低了水的流动性。

二、水的性质

水与其他液体相比，在物理、化学性质方面有着它自己独特的行为，也正因如此，水在自然界生命过程中起着特殊作用。水具有以下特性：

（1）水具有独特的热理性质。水的生成热很高。生成热是指稳定单质生成1 mol化合物时的反应热，水的生成热为−285.8 kJ/mol，在2 000 K的高温下离解的百分数为0.588%，所以水能在地球形成初期的高温下存留下来。

水的热传导、热容、热膨胀、熔化热、汽化热几乎比所有其他液体都高。水具有反常高的热容，水运动输送的热量很大，能起调节自然界温度的作用，防止温差变化过大，如海洋的巨大热容量对昼夜和冬夏的温差起着调节作用，而无水的月球昼夜温差可达200℃。人体大部分由水组成，水能使人的体温趋于一致，因此地球上的气候适于人类居住。

（2）水的表面张力大。表面张力是由于液面层分子受到朝向液体内部的合力作用而使液面具有缩小趋势的力。液体中除汞以外，水的表面张力最大，并随温度升高而减小。

水较大的表面张力影响水的吸附，产生毛细现象。毛细现象是自然界生物圈中一种普遍而又重要的现象，在细胞生理学中很重要，控制着某些表面现象和点滴的形成。

（3）水的黏滞度小。黏滞度是表示液体内部质点间阻力（内摩擦阻力）的程度。水分子由于氢键联结不易断开，但可不断摆动和拉长，使水结构易于变形，黏滞度就小。

（4）水具有良好的溶解性。在所有的液体中，纯水的介电常数最高，常温下的介电常数为81，因而使水成为离子化合物的良好溶剂。

三、水中组分

天然水是一种成分极其复杂的溶液，是和环境作用形成的一个动平衡系统。它几乎包含了周期表中的所有元素。如矿物组分、有机质、气体、微生物、同位素等各种组分（图1-4）。它们可以以分子、离子状态存在，也可以以胶体

图1-4　水中成分

状态存在（如铝、铁胶体、氢氧化物胶体、蛋白质、酶等）。

（1）水中含有大量宏量和微量元素。地下水中（包括天然矿泉水）已发现60多种元素，其中Cl、S、C、O、H、Na、Mg、Ca、K等元素占大多数，还有一些含量较多的元素如N、Si、Fe等。其他均为微量元素，但微量元素在特定环境下也可以成为含量较多的元素。

水中元素可以呈离子状态、分子状态（可溶性SiO_2）及络合物状态。如在pH＝8.2的碳酸氢钠水中，钙的浓度为0.4 mol／L，其中93.3%呈Ca^{2+}形式，4.8%呈$Ca(HCO_3)^+$形式，1.9%呈$CaSO_4$形式。在高浓度的酸性硫酸盐水中（矿化度为17.65 g／L），Ca^{2+}占61.89%，$CaSO_4$占21.17%，$CaCl^+$占16.94%。在水中Fe可以呈离子或分子状态存在，如Fe^{2+}、$FeSO_4$、$FeCl^+$、Fe^{3+}、$FeSO_4^+$、$FeCl^{2+}$、FeF^{2+}等。所以说，水中成分的变化是奥秘无穷的。

（2）水中的气体成分有溶解和自由逸出的气体。有大气起源的气体（N_2、O_2、惰性气体、CO_2）；有生物起源的气体（CH_4、CO_2、N_2、H_2S、H_2、O_2、重烃类气体）；有变质起源的气体（CO_2、H_2S、H_2、CH_4、CO、N_2、HCl、HF、NH_3、B、SO_2等）；此外，还有放射性起源的气体（氡、氦）等。

（3）水中的放射性及同位素成分与宇宙辐射的轰击作用有关。从地球大气层进入水圈的放射核素有^3H、^3He、^7Be、

^{10}Be、^{14}C、^{22}Na、^{24}Na、^{28}Al、^{28}Mg、^{32}Si、^{32}P、^{35}S、^{86}Cl、^{37}Ar、^{39}Ar、^{53}Mn。由于自然因素和人为因素，水中还有放射性成分U、Ra、Rn、Th等。它们放射出各种射线，超剂量时会污染环境，危害人体健康，故水中规定总α活性不得超过0.1 Bq/L，总β活性不得超过1.0 Bq/L。

（4）水中的有机物质共170多万种，大多以胶体状态，部分以悬浮状态或真溶液状态存在。

局部地下水中还含有不同类型的有机成分：胺、复杂的醚类、碳水化合物、腐殖质（腐殖酸、富尔酸）、羰基化合物（醛、乙醛）、羧基化合物（尿酸、氨基酸、脂肪酸、环烷酸）、烃、碳氢化合物（苯、甲苯、二甲苯、菇烯）、羟基化合物（苯酚、醇、萘酚）、杂环化合物（氮杂苯、叶绿素等）、树脂焦油等，共11类。

有机物质与微量元素构成络合物，如铜与氨基酸构成络合物（CuAn）$_2$。这种络合物以络合离子形式存在于水中，只有当环境条件改变时才析出沉淀。某一天然水中Pb=4.1 μg/L，当用强酸氧化水中有机物后Pb=50.6 μg/L。也就是说，水未被氧化前，有46.5 μg/L的铅被有机物络合。我国很多天然矿泉水装瓶后发现铁、锰沉淀物，原因就在于此。

（5）水中广泛分布着微生物。微生物主要有两类，即厌氧菌和需氧菌，它们的生存条件与水中自由氧、有机质、矿物质有关。它们的数量范围变化很大，每升水中可以从无到2万个细胞。在浅层水中有腐烂性菌及腐生菌，在深层水中有脱硫菌，分解纤维质的去氮菌，氧化菌的硫代

——地学知识窗——

纯净水是怎么发明的？

1950年，美国科学家观察发现，大海中的海鸥能靠喝高浓度盐的海水生存。经研究，海鸥体内有一层非常薄的膜，饮入的海水可以经过此膜的渗透，转化为淡水，海水中的盐分、杂质等不能通过此膜而被排出体外。由于这与自然渗透的方向相反，故称为反渗透。根据这一原理，1953年美国科学家成功研制反渗透膜，并导致了纯净水的问世。

酸菌，氧化甲烷的细菌，氧化酚、苯、庚烷的细菌，氧化硫的去氮自养菌及铁细菌等。它们的作用结果使深层水中产生H_2S、CH_4、N_2气体。

受污染的水还有致病菌，如沙门氏菌、大肠杆菌、炭疽杆菌、病毒等。还有产生霉菌毒素的麦角菌、芽枝霉菌、交链胞菌、毛霉菌、青霉菌、曲霉菌等，如黄曲霉素B_1的毒性是氰化钾（剧毒）的上百倍。所以，饮水标准及天然矿泉水饮料标准规定，水中细菌总数不得超过100个/mL，大肠菌群数不得超过3个/L。有些国家还规定了粪大肠菌、需氧细菌及致病菌的数量标准。

水结构的研究是一个迷人的课题。水的性质非常奇特，这些特性使地球上有了生命；水中成分之多无法以数计，但人的生活每时每刻都离不开它。从这个意义上讲，水也是十分平凡的。

矿泉水的基本概念

一、天然矿泉水

天然矿泉水（图1-5）是在特定地质环境条件下自然形成的一种液态矿产资源，是从地下深处自然涌出的或者是经人工抽取的未受污染的地下矿水。它含有一定量的矿物盐、微量元素或二氧化碳等特殊组分或气体成分。在通常情况下，其化学成分、流量、水温等动态在天然波动范围内相对稳定。天然矿泉水因未受污染，含有多种对人体有益的微量元素，已日益得到广泛的应用，主要用于医疗和饮用。

▶ 图1-5 天然矿泉水

医疗矿泉水中矿物质含量相对较高，主要分布于地热田周围或沉积盆地的深部含水层，温度一般在25℃以上，目前绝大多数用于医疗洗浴，少数用于饮用。饮用矿泉水中矿物质含量相对较低，多数为常温水，主要直接用于生产瓶装矿泉水或作为饮料的基液。

关于矿泉水，不同国家从不同角度、不同用途总结出不同的概念。一般来讲，凡含有特殊的化学成分、气体成分或水温大于25℃的地下水均可称为矿泉水。

世界卫生组织（WHO）专家组会议在讨论矿泉水的国际标准时指出，天然矿泉水是来自天然的或人工井的地下水源，是细菌学上健全的水。这种水与普通饮水的明显区别是：具有以矿物质含量或微量元素以及其他成分为特征的性质；保持原有的纯度，即不受任何种类的污染；性质和纯度一直保持不变。

1. 国际饮用矿泉水水质标准

联合国粮农组织（FAO）和世界卫生组织在饮用天然矿泉水水质标准中，对瓶装形式的天然饮料矿泉水中的某些元素和物质的含量作出了规定（表1-1）。

表1-1   国际饮用矿泉水水质标准

序 号	项 目	标 准
1	铜（mg／L）	1
2	锰（mg／L）	2
3	锌（mg／L）	5
4	硼酸盐（以H_3BO_3计）（mg／L）	30
5	砷（mg／L）	0.05
6	钡（mg／L）	1.0
7	镉（mg／L）	0.01
8	铬（Cr^{6+}）（mg／L）	0.05
9	铅（mg／L）	0.05

（续表）

序 号	项 目	标 准
10	汞（mg／L）	0.001
11	硒（mg／L）	0.01
12	氟化物（以F计）（mg／L）	2
13	硝酸盐（以NO_3计）（mg／L）	45
14	硫化物（以H_2S计）（mg／L）	0.05
15	镭（^{226}Ra）放射性（pci／L）	30
16	酚类化合物	不得检出
17	表面活性剂	不得检出
18	农药和聚氯联苯	不得检出
19	矿物油	不得检出
20	多环芳香烃	不得检出
21	有机物（mg／L）	3
22	总β活性（除^{40}K、^3H外）（B_q／L）	1
23	氰化物（以CN计）（mg／L）	0.01
24	亚硝酸盐（以NO_2计）（mg／L）	0.005

注：①本表所列标准为限量指标。②卫生学指标按世界卫生组织联合食品法规委员会推荐的国际惯例法规《食品卫生总则》执行。

2. 我国饮用天然矿泉水水质标准

《饮用天然矿泉水》（GB 8537—2008，以下简称"国标"）确定了达到矿泉水标准的界限指标，如锂、锶、锌、溴化物、碘化物、偏硅酸、硒、游离二氧化碳以及溶解性总固体。其中必须有一项

（或一项以上）指标符合要求，才可称为天然矿泉水。饮用天然矿泉水水质标准包括感官要求、界限指标（有益组分最低含量）、限量指标（有害组分最高含量）、污染物指标、微生物指标（表1-2~表1-6）。国标还规定了某些元素和化学化合物、放射性物质的限量指标和卫生学指标，以保证饮用者的安全。根据矿泉水的水质成分，一般来说，在界限指标内，所含有益元素对于偶尔饮用者是起不到实质性的生理或药理效应的，但如长期饮用矿泉水，则对人体确有较明显的营养保健作用。

表1-2　　　　　　　　　　矿泉水感官要求

项　目	要　求
色　度　≤	15（不得呈现其他异色）
浑浊度　≤	5
臭和味	具有矿泉水特征性口味，不得有异臭、异味
可见物	允许有极少量的天然矿物盐沉淀，但不得含其他异物

表1-3　　　　　　　　　　矿泉水界限指标

项　目	要　求
锂／（mg／L）　≥	0.20
锶／（mg／L）　≥	0.20（含量在0.20~0.40 mg／L时，水源水水温应在25℃以上）
锌／（mg／L）　≥	0.20
碘化物／（mg／L）　≥	0.20
偏硅酸／（mg／L）　≥	25.0（含量在25.0~30.0 mg／L时，水源水水温应在25℃以上）
硒／（mg／L）　≥	0.01
游离二氧化碳／（mg／L）　≥	250
溶解性总固体／（mg／L）　≥	1000

注：必须有一项（或一项以上）指标符合表中规定方可称为矿泉水。

表1-4 矿泉水限量指标

项　目	要　求	项　目	要　求
硒／（mg／L）＜	0.05	锰／（mg／L）＜	0.4
锑／（mg／L）＜	0.005	镍／（mg／L）＜	0.02
砷／（mg／L）＜	0.01	银／（mg／L）＜	0.05
铜／（mg／L）＜	1.0	溴酸盐／（mg／L）＜	0.01
钡／（mg／L）＜	0.7	硼酸盐（以B计）／（mg／L）＜	5
镉／（mg／L）＜	0.003	硝酸盐（以NO_3^-计）／（mg／L）＜	45
铬／（mg／L）＜	0.05	氟化物（以F^-计）／（mg／L）＜	1.5
铅／（mg／L）＜	0.01	耗氧量（以O_2计）／（mg／L）＜	3.0
汞／（mg／L）＜	0.0001	^{236}镭放射性／（Bq／L）＜	1.1

注：矿泉水各项限量指标必须符合表中的规定。

表1-5 矿泉水污染物指标

项　目	要求	项　目	要求
挥发酚类（以苯酚计）／（mg／L）＜	0.002	矿物油／（mg／L）＜	0.05
氰化物（以CN^-计）／（mg／L）＜	0.010	亚硝酸盐（以NO_2^-计）／（mg／L）＜	0.1
阴离子合成洗涤剂／（mg／L）＜	0.3	总β放射性／（Bq／L）＜	1.50

注：各项污染物指标必须符合表中的规定。

表1-6 矿泉水微生物指标

项 目	要 求	项 目	要 求
大肠杆菌／（MPN／100 mL）	0	铜绿假单胞菌／（CFU／250 mL）	0
粪链球菌／（CFU／250 mL）	0	产气荚膜梭菌／（CFU／50 mL）	0

凡符合表中各项指标之一者，可称为饮用天然矿泉水。从以上规定可见，天然矿泉水在作为食品饮料类商品出售时，各方面都有极严格的限制和要求（表1-7）。所以，瓶装饮料矿泉水除要求产品本身质量外，还对矿泉水水源地及生产企业提出严格的高标准的科学技术管理要求。

二、人工矿泉水

人工矿泉水是人工合成的，在饮用纯水中加入适量的人工合成矿物质盐试剂，制成人工矿化水。目前我国尚未制定矿化水标准，只有企业自定的企业标准，作为质量控制标准。天然矿泉水中的矿物质、微量元素的含量稳定，且存在状态易被人体吸收，而人工矿化水中的微量元素含量易受人为因素的影响，而且微量元素品种也没有天然矿泉水中多。

近年来，一些发达国家已把矿泉水作为最佳饮料，天然矿泉水的水质固然优质，但水质局限于一定的地理环境及地质条件，且受地理位置的影响，使产销、运输都存在困难，而且许多城市供应的自来水缺乏矿物质或含量偏少。人工矿

表1-7 偏硅酸矿泉水天然矿物质含量

项 目	要 求	项 目	要 求
偏硅酸（H_2SiO_3）／（mg／L）	35.0～75.0	锶（Sr）／（mg／L）	0.018～0.062
钙（Ca^{2+}）／（mg／L）	4.0～7.0	钠（Na^+）／（mg／L）	10.0～19.0
钾（K^+）（mg／L）	1.0～3.5	镁（Mg^{2+}）／（mg／L）	0.7～1.8
可溶性总固体（TDS）／（mg／L）	100～160	pH	6.0～7.5

化水悄然兴起，或多或少地解决了部分地区饮水问题及水的质量问题。

对人工矿化的原料水，要求尽可能纯净。最近几年国外专利中比较流行的矿化办法是添加不溶性的无机盐，用二氧化碳侵蚀法使之成为可溶性的重碳酸盐，以达到矿化目的。

人工矿物质水一般人为在纯净水的基础上添加一种、两种或者三种化学元素，去除了原水中对人有害的物质，提供某些人体所需的无机盐，为保障人体健康起到一定的积极作用。

矿泉水分类

关于矿泉水的分类，美国、德国、日本、法国、俄罗斯等国都有标准，且各国的分类大不相同。中国矿泉水早期的分类标准是卫生部1964年在北京小汤山疗养院召开的理疗疗养会议上制定的。

矿泉水的分类方法很多，一般会按用途、泉水涌出形式和矿泉水的物理性质及化学成分（定量指标法）三种标准划分。矿泉水按用途分工业矿泉水、农业矿泉水、医疗矿泉水及饮料矿泉水；按泉水涌出形式可分为自喷泉、脉搏泉、火山泉、断层泉和裂隙泉；按矿泉水的物理性质和化学成分，如温度、渗透压、pH、化学成分等也可以进行分类。饮料矿泉水的细分可以和后两种（涌出形式及物理性质、化学成分）进行组合，而且主要是依据物理性质和化学成分进行。现将有关分类介绍如下：

1. 按矿泉水用途分类

（1）工业矿泉水：用于制盐、提取重水、某些矿物质或化合物以及用地热水取暖发电等。

（2）农业矿泉水：用于土壤改良及养殖业。

（3）医疗矿泉水：指对人体有医疗价值的矿泉水，即矿泉水中含一定量的矿物质、某种气体或具有较高温度，合理使用能对人体产生良好的生物化学作用，达到医疗治病目的。

（4）饮料矿泉水：指纯净、安全、卫生的水，对人体有营养价值者，有益于身体健康，延年益寿，为人们喜爱的日常饮料。

2. 按矿泉水涌出形式分类

（1）自喷泉：是自然涌出而非人工开采的矿泉。涌出时不伴有大量气体但水面有水花者称泡沸泉。涌出时伴有大量气体上喷则称喷泉。如果是因矿泉水的沸腾而产生水蒸气则称沸腾泉。

（2）脉搏泉：特征是不定期涌出并且在短时间内涌出量变化较为明显。若涌出和停止呈较规则变化则称间歇泉。

（3）火山泉：在火山附近地区涌出的泉称为火山泉。

（4）断层泉：沿断层涌出的泉称断层泉。

（5）裂隙泉：沿裂隙涌出的泉称裂隙泉。

3. 按矿泉水物理性质分类

（1）按矿泉水的温度分类：矿泉水的温度分类法往往根据人的体温对温度的适应程度划分。根据矿泉水温度不同，我国将泉分为：冷泉（<25℃）；凉泉／微温泉（26℃～33℃）；温泉（34℃～37℃）；热泉（38℃～42℃）；极热泉／高热泉（>42℃）。世界各国对矿泉水的分类见表1-8。

表1-8　　　　　　不同国家对矿泉水的温度分类

温度（℃）分类	美国	德国、奥地利	日本	中国
极冷泉	1～13			
冷泉	13～18	<20	<25	<25
凉泉	18～27		（微温泉）25～34	（微温泉）26～33
温泉	27～33.5	20～50	34～42	34～37
不感温泉	33.5～35.5			
暖和泉	35.5～36.5			
热泉	36.5～40	>50（50～100）	42	38～42
极热泉（高热泉）	40～46			>42

（2）按渗透压分类：矿泉水的渗透压分类是根据水的冰点决定的，冰点变化与盐类浓度有关。当离子浓度低时，渗透性强、渗透压就低。

低张泉：冰点高于-0.55℃，溶解性固体物含量为1 000～8 000 mg／L。

等张泉：泉水的渗透压相当于人体血清的渗透压，或相当于0.9%生理盐水的渗透压。如以冰点为准，血清的结冰点为-0.56℃，等张泉冰点为-0.55℃～-0.58℃，溶解性固体物含量为8 000～10 000 mg／L。

高张泉：冰点低于-0.58℃，溶解性固体物含量在10 000 mg／L以上。高张泉因有较强的脱水作用，适于外用。

（3）按矿泉水的酸碱性分类：酸碱度又称pH，是水中氢离子浓度的负对数值，即$pH=-lg[H+]$，是酸碱性的一种代表值。

矿泉水的pH是反映矿泉水溶液中氢离子浓度大小的重要指标。它可以平衡人体体液的酸碱反应，起到中和作用。表1-9为我国与日本分别根据矿泉水的酸碱性所做的矿泉水分类（表1-9）。

表1-9　　　　　　　　　　我国与日本矿泉水的pH分类

pH 名称 / 国家	中 国	日 本
强酸性泉	<2	
酸性泉	2～4	<3
弱酸性泉	4～6	3～6
中性泉	6～7.5	6～7.5
弱碱性泉	7.5～8.5	≥7.5～8.5
碱性泉	8.5～10	≥8.5
强碱性泉	>10	

4. 按矿泉水化学成分分类

矿泉水都是地下水，主要来源为大气降水，其次是地表水（河、湖、海）。这些水在进入含水层之前就已经含有某些物质，与岩土接触后进一步发生变化，经过各种化学作用，最终形成矿泉水。因此，不同的岩土会形成化学成分不同的矿泉水。根据化学成分不同（**以阴离子为主分类，以阳离子划分亚类，阴、阳离子毫克当量>25%才参与命名**）可以大致把矿泉水分为以下几类：

（1）重碳酸盐水：HCO_3^-离子含量大于25%毫克当量。主要有重碳酸钙矿泉水、重碳酸钙镁矿泉水、重碳酸钠矿泉水等。

（2）氯化物水：Cl^-离子含量大于25%毫克当量。有氯化钠矿泉水、氯化镁矿泉水、氯化钙矿泉水等。

（3）硫酸盐水：SO_4^{2-}离子含量大于25%毫克当量。有硫酸镁矿泉水、硫酸钠矿泉水等。

5. 按矿泉水特征组分达到国家标准的主要类型分类

分为偏硅酸矿泉水、锶矿泉水、锌矿泉水、锂矿泉水、硒矿泉水、溴矿泉水、碘矿泉水、碳酸矿泉水和盐类矿泉水。

6. 按矿化度分类

矿化度是单位体积的水中所含各种离子、分子与化合物的总量，以每升水中所含克数（mg／L）表示。

具体分类为：

矿化度<500 mg／L为低矿化度；

500～1 500 mg／L为中矿化度；

>1 500 mg／L为高矿化度。

矿化度<1 000 mg／L为淡水矿泉水，矿化度>1 000 mg／L为盐类矿泉水。

不同类型的矿泉水在不同岩类中赋存的种类不同，花岗岩地区矿泉水主要水质类型是锶—偏硅酸矿泉水和偏硅酸矿泉水；变质岩地区矿泉水多为碳酸矿泉水、偏硅酸矿泉水、锶—偏硅酸矿泉水等；石灰岩地区矿泉水的种类主要为锶—偏硅酸矿泉水和锶矿泉水，还有少量碳酸矿泉水。

Part 2 矿泉水成因揭秘

　　地下水在漫长的地下循环中，长期与围岩接触，经溶滤作用、阴阳离子交替吸附作用等一系列物理化学作用，使岩石的矿物质、微量元素或气体组分进入地下水中，等富集到一定的浓度，地下水便会在高温、高压和水蒸气膨胀作用下，沿地壳裂隙运移上升，涌出地表，形成各种类型的矿泉水。地下水之所以能够形成各种类型的矿泉水，其形成过程是复杂的，最根本的前提是地下水流经了含有不同特征组分的岩层，它们是形成矿泉水特征组分的物质来源。同时，岩石的矿物成分决定着矿泉水的特征组分，在不同岩石中形成不同类型的矿泉水。

　　矿泉的形成必须有深部的矿水来源及矿水通向地表的通道，因此它多分布于火山活动地带、大断裂带以及火成岩侵入体与围岩接触带附近。按照形成的原因不同，大致可分为深循环矿泉水、与活动断裂有关的矿泉水、近代火山活动形成的矿泉水。

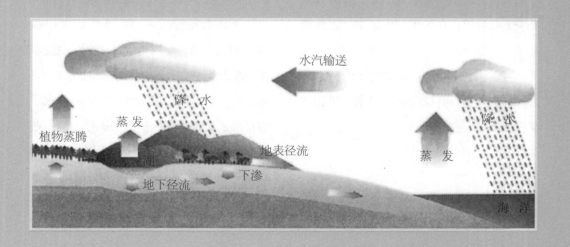

深循环矿泉水

深循环矿泉水主要产于碳酸盐岩地区，在地壳中，随岩石的组成、结构和构造不同，岩层的透水性能各不相同。当大气降水或者地表漫流水经土壤进入岩石时，遇上透水岩层就渗入其中。当透水层被地下水充满时，就称透水层为含水层，它上、下的不透水层就称为隔水层（图2-1）。

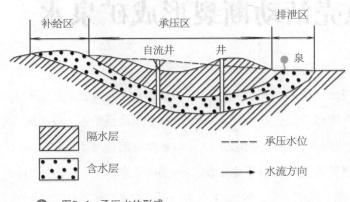

图2-1 承压水的形成

充满于含水层中的地下水因为通常具有一定的压力，因而叫作承压水。承压含水层与上部隔水层接触的界面叫隔水顶板，与下部隔水层接触的界面叫隔水底板。顶、底板之间称为含水层。

承压水通常通过含水层出露地表的地方接受大气降水、地表水和凝结水的补给；在构造断裂裂隙发育的地区，当这些断裂破碎带管道、裂隙与含水层连通时，也可接受断裂带上大气降水、地表水和凝结水的补给。

在地壳深部水流缓滞，水循环交替速度缓慢，水与岩石有充分的时间发生相互作用。同时，随着地下水运动深度的加深，由于地球内部热力的作用，地温逐渐增加，一般在地表15 m以下，每深入

100 m，温度增加3℃左右。地温对地下水进行加热，水温随深度而增高，因而加速了水与岩石相互作用的速度和强度。所以，在深层含水层循环运动的承压水中，矿物盐类和微量元素也就丰富起来了。

这种水的补给区位置高，距离远，补给水源源不断地进入含水承压区，受到隔水顶、底板的限制，含水层被水充满，产生一定的压力，作用于隔水顶板。在这种情况下，如果所在地区深层含水层有深大断裂与地表相通，承压水就可沿着断裂裂隙上升而涌出；如果有河流、河谷、地形切割承压含水层，承压水就会上涌成泉，出露地表。若水质指标符合天然矿泉水标准，就是矿泉水。

地壳活动断裂形成矿泉水

在近期地壳活动强烈、断裂构造发育的基岩隆起地区、断裂盆地、地震带地区，大气降水、地表水和浅层地下水沿深大断裂渗透运动到数千米的深处，地热增温，加上深部岩浆体的加热，深层地下水就会加热到相当高的温度，形成地下高温热水。此类地热水对周围岩石的溶解溶滤作用更强，因而形成富含矿物质的矿泉水。在静水压力和热动力的驱动下，在不同地质构造单元的交接地带或断

——地学知识窗——

矿泉水为什么宝贵?

矿泉水不同于地表水和普通地下水，它来自地下数千米深处，是经过数十年、上百年、上千年甚至上万年的深部循环，在地质作用下形成的，含有一定量的矿物质和微量元素。特别是微量元素，来源只有地壳和海水，不能像维生素那样可以合成。由于矿泉水未受污染，形成周期长，资源有限，它是已经超越了水属性的宝贵矿产资源。

陷盆地的边缘，沿断裂裂隙向上运动而出露地表（图2-2）。

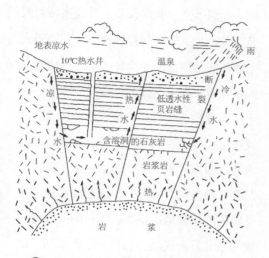

地表凉水
10℃热水井　温泉
雨
断
凉　热　低透水性
水　水　页岩缝　冷
水
含溶洞的石灰岩　水
岩浆岩
热
岩　浆

△ 图2-2　与活动断裂有关的温泉
　　与地下热水的形成

地壳构造运动为矿泉水的出露提供了地质条件。在各个时期发生不同的构造活动，并产生不同方向的构造带，这些构造带相互复合，形成诸多深切沟谷，有利于大气降水入渗或在同一层面运动。当构造带被覆盖时便有一定的封闭性，地下水汇集于断裂带处，由于构造活动使径流中的地下水水温升高，溶解能力增强，促进水岩交换作用，强化了水对围岩的淋滤和溶解作用，从而使地下水中溶解更多的矿物质。地下水中化学成分的种类多少与围岩、水温等有密切联系。承压含水层中的水径流过程中被断层、岩浆岩阻拦或含水层被侵蚀，达到地下水出露条件时，地下水就会出露，形成某种类型的矿泉水。

近代火山活动形成矿泉水

这种矿泉水的形成与第四纪火山、岩浆活动密切相关。这种矿泉水中的水有两个来源，一是大气降水，一是岩浆分泌的水分。大气降水沿深大断裂渗入地下，经深循环，一部分被岩浆体加热汽化，与岩浆体分泌出的水蒸气、二氧化碳、硫化氢等挥发组分相混合，挟带岩浆中的物质，同时溶解溶滤围岩中的矿物质。这两类水汽具有很大的压力和较高的温度，如果遇有岩石裂隙和构造通道，就会沿通道上升，在上升过程中和部分地下水混合，温度、压力不断下降。当温度在沸点以上时，就呈气态冲出地表；当温度下降到沸点以下时，就凝结为水，在地下汇聚起来，沿地层中的断裂、裂隙或火山岩体的边缘缝隙涌出地表，形成热泉或温泉（图2-3）。

岩浆活动为矿泉水的形成提供物质来源。岩浆岩的成分主要是硅酸盐类，含少量重金属，以及钾、钠、钙、镁、铁等宏量组分和锌、锂、锶、硒等微量元素。岩浆喷溢过程中常有气体和挥发组分挥发出，在沿裂隙或断裂带上涌的过程中会与渗入的水分混合，使水中溶入气体和非气体元素。此外，围岩受热发生变质作用的过程中也产生CO_2等气体，与地下水混合。深部地下水受到岩浆活动作用温度升高，致使更多的矿物成分和气体溶于水，这都为矿泉水的形成提供了物质来源。

由于这种水与岩浆、岩石充分作用，水温变高，矿物质和气体成分的含量

更高，常常可以达到医疗矿泉水的标准，我国云南腾冲的矿泉水就属于此类。当这种火山活动产生的水、气上升通道被岩浆淤塞时，水、气就封存在地下，并随着火山活动的结束而渐渐冷却下来，形成含有大量二氧化碳并富含多种微量元素的矿泉水。当有构造断裂和此种水系连通时，或被深切的河谷切穿时，矿泉水就会涌出地表，根据矿泉水上升运动路径、围岩、混合稀释作用等的不同，而形成水质上各具特色的碳酸型矿泉水。如法国的维希和我国东北五大连池、长白山等矿泉水，就属于这种类型。

不论哪种成因的矿泉水，从补给到排泄，中间都经过了很长时间的循环运动和储存过程，经历了漫长曲折的路径，埋藏都很深，储水系统受到上部层层隔水层的阻隔，只有在特殊的地质条件下才能出露和排泄。因而，形成了高度稳定的补

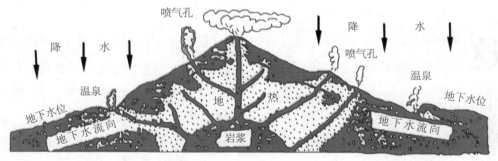

图2-3 火山活动和热矿泉的形成

给、径流和排泄系统，其流量、水质、水温等都不受近期气候季节、降水期（**丰水期和枯水期**）的变化影响，也不太容易受到近期污染的影响。

矿泉水是在岩石的储水空间通过长时间的储存，在极其缓慢的流动过程中与岩石长时间作用形成的，时间长短对矿泉水组分含量和稳定性有明显的影响，也就是说矿泉水是有年龄的。按我国国家标准要求，矿泉水最少是在地下滞留10年以上的水。已有氚同位素测定结果和矿泉水统计资料表明：偏硅酸、锶两项达标的矿泉

水，水的年龄在30年以上；偏硅酸含量大于50 mg／L，矿泉水的年龄在千年以上。可见，矿泉水组分含量的高低与水在岩石中作用的时间长短是密切相关的。

由此可见，矿泉水的形成过程是奇妙而漫长的。地下水在地下深处岩层中运移，长期与围岩接触，经溶滤、阴阳离子交换吸附等一系列物理、化学作用，使岩石中的微量和常量组分进入地下水，富集到一定的浓度，就形成各种类型的矿泉水。

——地学知识窗——

矿泉水的年龄

矿泉水的年龄是指雨滴、融化的雪水或地表水，渗入地下后在地下滞留和循环的时间。矿泉水年龄越大，意味着它在地下滞留和循环的时间就越长，流经岩石溶解的矿物质就越多。矿泉水在地下深处滞留和循环的时间，少则十几年、几百年，多则上万年。

Part 3 矿泉水益人健康

随着科技的发展，人类对矿泉水的认识也逐步深入，从科学的角度来说，矿泉水有益于人的身体健康主要是由于矿泉水含有符合国家标准的对人体有益的微量元素。

矿泉水中富含的有益元素或组分是偏硅酸、锶、锂、锌、硒、碘、溴、游离二氧化碳、溶解性固体（又称矿化度）。这些元素或组分与人体健康的关系密切相关，它们在人体的生命运动中起着不可替代的重要作用。它们的主要生理功能，是在酶系统中起着特异的活性中心的作用，帮助和促进机体中的激素发挥效用，是某些激素不可缺少的构成部分。绝大多数矿泉水属微碱性，适合于人体内环境的生理特点，有利于维持正常的渗透压和酸碱平衡，促进新陈代谢，加速疲劳恢复。

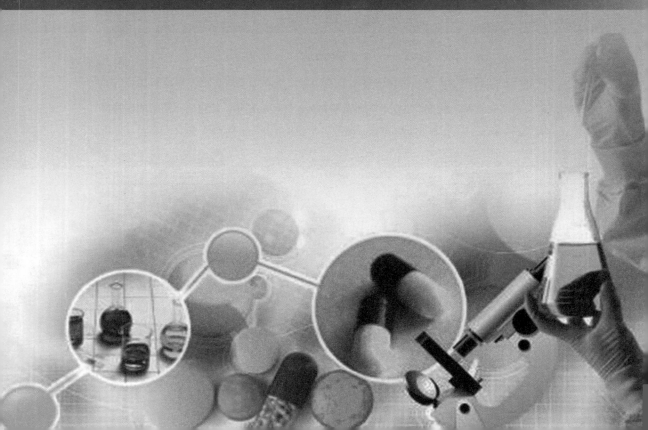

微量元素与人体健康

人体中含有50多种微量元素（图3-1）。这些微量元素是肌体多种酶的重要组成成分，参与合成激素和维生素的结构，起着特异的生理功能。微量元素在体内可以调节渗透压、离子平衡和酸碱度，以维持人体的正常生理功能。核酸是遗传信息的携带者，而核酸中含有相当多的微量元素，如铬、铁、锌、铜、锰、镍等，它们能影响核酸代谢。所以，微量元素在遗传中起着重要的作用。

国内外医学和营养学家对微量元素抗衰老作用的关注日益密切。他们对微量元素参与各种酶、激素、维生素的代谢作用而防衰老的机理进行了深入探讨。人体内有数百种酶含铁、铜、锌、锰和硒，甲状腺素含碘，维生素B$_{12}$含钴，细胞色素含铁等。它们在体内大幅度变动，会使代谢异常，导致肌体病变及遗传变化。我们

◀ 图3-1 微量元素

25

可以将其对人体健康的影响分为3类：

第一类是人体健康必需的，对肌体的生理及生化反应起特定作用的常量和微量元素（钾、钠、钙、镁、铁、锂、锰、铜、锌、镍、铬、钴、硒、钒、钼、碘、硅、锡），它们过量或不足均对人体健康不利（图3-2，图3-3，图3-4）。

第二类是人体中确实存在，但生理功能尚不明确的元素（硼、铝、钛、锆等）。

第三类是对人体健康有害的重金属元素，如铅、镉、汞、砷、铬、铍、铊、钡等。它们不能被微生物降解，而以食物

——地学知识窗——

人体中的宏量元素和微量元素

人体和地球一样，是由各种化学元素组成的，存在于地壳表层的90多种元素均可在人体组织中找到。而根据元素在机体内的含量，可划分为宏量元素和微量元素两种：含量占人体体重万分之一以上的元素称为宏量元素；含量占人体体重万分之一以下、每日需要量在100 mg以下的称为微量元素。

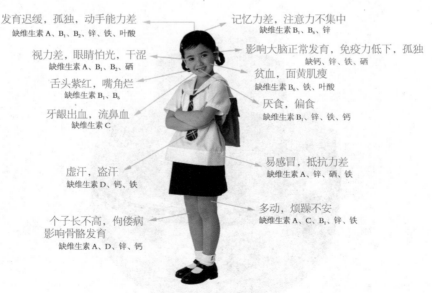

发育迟缓，孤独，动手能力差
缺维生素A、B₁、B₂、锌、铁、叶酸

视力差，眼睛怕光，干涩
缺维生素A、B₁、B₂、硒

舌头紫红，嘴角烂
缺维生素B₁、B₆

牙龈出血，流鼻血
缺维生素C

虚汗，盗汗
缺维生素D、钙、铁

个子长不高，佝偻病
影响骨骼发育
缺维生素A、D、锌、钙

记忆力差，注意力不集中
缺维生素B₁、B₆、锌

影响大脑正常发育，免疫力低下，孤独
缺钙、锌、铁、硒

贫血，面黄肌瘦
缺维生素B₆、铁、叶酸

厌食，偏食
缺维生素B₁、锌、铁、钙

易感冒，抵抗力差
缺维生素A、锌、硒、铁

多动，烦躁不安
缺维生素A、C、B₁、锌、铁

图3-2 儿童、青少年缺乏维生素及矿物质的现象

脱发过早，过多
缺维生素C、B₆、钙、锌、硒、叶酸

皮肤病，牛皮癣
神经性皮炎，指甲变形、裂纹
缺维生素A、半胱氨酸、硒

牙齿松动，脱落，口腔溃疡
缺维生素C、B₁、B₂、磷、钙

食欲不振，胃口差，内分泌紊乱
缺维生素A、B₁、锌、铁

过早出现老人斑
性欲低下，生活质量下降
缺维生素A、E、硒、锌

骨质流失，易骨折
缺维生素C、D、钙

记忆力过早衰退，反应迟钝
缺维生素B₁、B₂、B₆、锌

睡眠质量差，头晕，眼花，视力差
缺维生素A、B₁、B₆、钙、铁、硒

免疫力低下，易感冒
过早衰老，关节痛，腿抽筋
缺维生素B₂、锌、铁、硒

心脏和心血管疾患，心率不齐
缺维生素B₁、B₆、钙、镁

易疲劳，精力差
缺维生素B₁、B₂、B₆、锌

血管弹性差，心血管疾病
过早出现，血脂胆固醇过高
缺维生素C、E、钙、锌、硒

🔺 图3-3　中年、老年人缺乏维生素及矿物质的现象

牙齿不坚固，眼干涩
缺维生素A、D、钙、铁、锌

脸色发黄，苍白
缺维生素C、B₁、铁、钙

口臭，口腔溃疡，牙周炎
缺维生素B₂、C、B₁、锌

唇干燥，脱皮
脱发过多，头皮屑过多
缺维生素A、B₂、锌、硒、钙

指甲上有横纹，白点，胆固醇高
缺维生素A、B₁、D、代谢障碍

易疲劳，精力差，偏头疼，睡眠差
缺维生素B₁、B₂、B₆、锌

贫血，手脚发凉
缺维生素B₆、铁、叶酸

头发枯黄，分叉
缺维生素E、铁、硒

黑眼圈，睡眠差
多梦，胃肠功能紊乱
缺维生素B族、C、E、硒、钙

出现色斑，黄褐斑
缺维生素C、E、叶酸

皱纹出现早，多心血管疾病
缺维生素A、C、E、硒、锌

皮肤无弹性，粗糙，油腻
缺维生素B₁、B₆、B₁₂

骨质疏松，生理功能紊乱
抗病能力差，泌尿系统疾病
缺维生素A、B₆、锌、钙

皮肤干燥，粗糙，毛孔粗大
缺维生素A、B₆、锌

🔺 图3-4　女士缺乏维生素及矿物质的现象

链形式逐级富集于生物体内，并转化为毒性大的有机化合物。

矿泉水中主要元素的保健作用是什么？

（1）钙（Ca）：钙是人体所不可或缺的营养素之一，如果没有钙，就不会有

——地学知识窗——

为什么有些矿泉水有点咸?

此类矿泉水所在含水层的特点是径流条件缓慢,排泄条件差,在漫长的地质年代中使矿物质富集和浓缩,钠离子、氯离子含量偏高,同时溶解性固体含量也高,口感上略咸。但这种口感不影响矿泉水质量,更适合高温作业和大运动量人群的需要。

生命的产生。从骨骼形成、肌肉收缩、心脏跳动、神经以及大脑的思维活动,以至人体的生长发育和延缓衰老等,生命的一切运动都离不开钙。人体每天需摄入约1 100 mg钙。

缺钙易得佝偻病、骨质疏松症、心血管病等。矿泉水中钙含量较多且比例适当,易被人体小肠吸收进入细胞外液,并沉积于骨组织内。因此,含钙矿泉水是人体获得钙的便捷钙源。

(2)镁(Mg):镁在人体内的总量约为25 g,是人体不可缺少的微量元素之一。镁几乎参与人体所有的新陈代谢过程,在细胞内它的含量仅次于钾。镁影响钾、钠、钙离子细胞内外移动的"通道",并有维持生物膜电位的作用。镁能激活许多酶,有促进细胞内新陈代谢、调节神经活动、预防心血管病等功效。人体每日需摄入镁约310 mg。

缺镁易引发心血管疾病。现代医学证实,镁对心脏活动具有重要的调节作用。若体内镁含量不足会影响酶的调节,将使细胞内不断地涌入钠及钙,致使局部血管收缩,腔管变窄,血压上升,易发生脑卒中和心肌梗死。不仅如此,美国癌症研究所的伯格博士通过大量研究证实,缺镁还会增加癌症的发病率。

(3)钾(K):钾是人体细胞内液的主要离子,对细胞内液的渗透压、酸碱平衡的维持具有重要作用。钾能激活一些酶,能保持神经肌肉兴奋,维持细胞新陈代谢。人体每日需摄入钾约3 300 mg。

缺钾不仅会导致人的精力和体力下降,而且人的耐热能力也会降低,使人感到倦怠无力。严重缺钾时,可导致人体内酸碱平衡失调、代谢紊乱、心律失常、全身肌肉无力、易怒、恶心、呕吐、思维混乱、精神冷漠等症状。

(4)钠(Na):钠是机体组织和体液的固有成分,对维持细胞系统和调节水盐平衡起着重要作用。钠是肌肉收缩、调节心血管功能和改善消化系统功能不可缺少的元素。钠离子还是构成人体体液的重要成分。人的心脏跳动离不开体液，所以人体每天需摄入一定量的钠离子，同时经汗液、尿液中又排出部分钠离子，以维持体内钠离子的含量基本不变。这就是人出汗或动手术后需补充一定量食盐水的原因。人体每日需摄入钠约4 400 mg。

人体内钠过多，易使血压升高，心脏的负担加重。因此，凡心脏病、高血压患者，忌食过多的食盐（NaCl）。若人体内钠过少，则血液中钾的含量就会升高（血钾高），升高到一定程度后也会影响心脏的跳动。体内钠元素对肾也有影响。肾炎患者体内的钠不易排出，如果再过多摄入钠（食盐），病情就可能加重。因此，肾炎患者应少摄入食盐。

（5）铁（Fe）：铁是人体内不可缺少的微量元素。在十多种人体必需的微量元素中，铁无论在重要性还是在数量上都居于首位。铁参与人体内血红蛋白、细胞色素及各种酶的合成，激发辅酶A等多种酶的活性。一个正常成年人每天从饮食和水中必须摄入约15 mg铁才能满足需要，因为铁的吸收率只有摄入量的5%。

若人体内缺铁，会发生缺铁性贫血、免疫功能障碍和多种新陈代谢紊乱。缺铁可导致智商低下、反应差、易怒不安、注意力不集中；缺铁也会影响肌肉、黏膜功能和消化系统功能等，使人免疫力降低，易患病。

（6）锂（Li）：锂在人体内的含量约为2.2 mg。锂能改善造血功能，提高人体免疫机能。锂对中枢神经活动有调节作用，能使人保持镇静，控制神经紊乱。锂可置换替代钠，防治心血管疾病。锂在一般地下水中含量很低，而在某些天然矿泉水中含量较高，是一些锂型矿泉水达标的特征元素。锂在人体内的主要生理功能是在肠道、体液和细胞内与钠离子竞争，从而减少人体对钠的吸收，调节体液电解质平衡。此外，锂对中枢神经活动有一定的调节作用，能安定情绪，所以可以用锂盐来治疗狂躁型神经病。我国不少城市和地区的医生把它应用于临床，都显示了良好的效果。锂还有生血刺激作用，改善造血功能，使中性白细胞增多和吞噬作用增强。人体每日需摄入锂0.1 mg左右。

缺锂会导致造血功能和人体免疫机能降低，中枢神经活动控制紊乱。

（7）锰（Mn）：锰是人体中多种酶系统的辅助因子，它参与造血过程和脂肪代谢过程，具有促生长，强壮骨骼，防治心血管疾病的功能。锰有"长寿金丹"之美誉。有关调查资料表明，新疆是我们国家百岁老人最多的地区，其原因是这些长寿老人均生活在富含微量元素锰的红黄土地带，他们体内含锰量高于一般人6倍。

人体每日需摄入锰约4.4 mg。缺锰会导致肌肉抽搐、儿童生长期疼痛、眩晕或平衡感差、痉挛、惊厥、膝盖疼痛及关节痛，引起精神分裂症、帕金森氏病和癫痫。

（8）锌（Zn）：锌是人体不可缺少的微量元素之一。锌是人体70多种酶的重要组成成分，参与核酸和蛋白质的合成，还具有抗氧化功效，阻止过氧化脂生成，可与生物膜上类脂的磷酸根和蛋白质上的疏基结合，形成稳定复合物以维持生物膜的稳定性，达到抗衰老作用。

锌能促进生长发育，对婴儿更为重要；能增加机体免疫力和性功能；能增加创伤组织再生能力，使受伤和手术部位愈合加快；能使皮肤更健美，使人变得更聪明；还能改善味觉，增加食欲。锌被誉为"生命的火花""智慧元素"。人体每日需摄入锌约14.5 mg。

人体内严重缺锌可导致死亡，儿童缺锌会影响发育，严重者身材矮小，智力迟钝，甚至丧失生殖能力。缺锌也会导致

味觉和嗅觉不灵敏、痤疮或皮肤分泌油脂多、肤色苍白、抑郁倾向、缺乏食欲等。

（9）铜（Cu）：铜在人体内以铜蛋白形式存在，铜具有造血、软化血管、促进细胞生长、增强骨骼、加速新陈代谢、增强防御机能的作用。人体每日需摄入铜约1.3 mg。

缺铜能使血液中胆固醇增高，导致冠状动脉粥状硬化，形成冠心病，引起白癜风、白发等黑色脱色病，甚至双目失明、贫血。铜含量过多可导致精神分裂症、心血管疾病，并增加患风湿性关节炎的可能。

（10）硒（Se）：医学研究表明硒是人体内谷胱甘肽过氧化酶的主要成分，参与辅酶的合成，保护细胞膜的结构。硒能刺激免疫球蛋白及抗体的产生，增强体液和细胞免疫力，有抗癌作用。硒还有抗氧化的作用，使体内氧化物脱氧，具有解毒作用，能抵抗和降低汞、镉、铊、砷的毒性，提高视力。人体每日需摄入硒约0.068 mg。

缺硒是患心血管病的重要原因之一，缺硒也会导致免疫力下降。但是，硒的过量摄入会引起中毒。因此，我国饮用天然矿泉水标准把硒的含量范围限制得很窄，即硒含量为0.01～0.05 mg／L的深循

环矿泉水才算硒矿泉水。因此，常饮矿泉水可补充机体对硒的需要，有益健康。

（11）钼（Mo）：钼是人体黄嘌呤氧化酶、醛氧化酶等的重要成分，参与细胞内电子的传递，能影响肿瘤的发生，抑制病毒在细胞内繁殖，具有防癌作用。钼还参与毒醛类的新陈代谢。钼可溶解肾结石并帮助排出体外。人体每日需摄入钼约0.34 mg。

缺钼会出现呼吸困难和神经错乱的症状。

（12）碘（I）：碘是甲状腺素中不可缺少的元素。碘具有促进蛋白质合成，活化多种酶，调节能量转换，加速生长发育，促进伤口愈合，保持正常新陈代谢的重要生理作用。人体每日需摄入碘约0.2 mg。

碘主要以碘化物形式存在。碘是最早发现的人体必需的微量元素。甲状腺肿大（俗称"大脖子病"）与食物中缺乏碘有关。研究表明，正常成年人体内含碘25～36 mg，其中大约有15 mg集中分布在仅20～30 g重的甲状腺内，其余的广泛分布在血液、肌肉、肾上腺、皮肤、中枢神经系统和女性卵巢等处。

缺碘使人体内甲状腺素合成受障碍，会导致甲状腺组织代偿性增生（颈部**显示结节状隆起**），即地方性甲状腺肿。它严重影响患者健康，在重病区患者后代中出现智力低下，聋哑矮小，形如侏儒的克汀病人。摄碘过多也会出现甲状腺肿和甲状腺癌。

目前国内食用盐基本都对碘含量作出统一要求，《饮用天然矿泉水标准》中也对碘含量作出严格的限制，长期饮用碘型矿泉水对防治甲状腺肿大和克汀病、提高国民身体素质有重大意义。

（13）钴（Co）：钴是人体内维生素和酶的重要组成部分，其生理作用是刺激造血，参与血红蛋白的合成，促进生长发育。人体每日需摄入钴约0.39 mg。

缺钴会引起巨细胞性贫血，并影响蛋白质、氨基酸、辅酶及脂蛋白的合成。缺钴也可导致心血管病、神经系统疾病和舌炎、口腔炎等。

（14）镍（Ni）：镍在人体的主要功能是刺激生血机能，促进红细胞再生，降低血糖。人体每日需摄入镍约0.6 mg。

缺镍容易得皮炎、支气管炎等。

（15）铬（Cr）：铬能协助胰岛素发挥生理作用，维持正常糖代谢，促进人体生长发育。铬对于葡萄糖的类脂代谢及一些系统中的氨基酸的利用是非常必需的。人体每日需摄入铬约0.25 mg。

缺铬易导致胰岛素的生物活性降低而引起糖尿病，摄入适量铬可使Ⅱ型糖尿病和低血糖患者的血糖正常化；铬能调节脂肪代谢与胆固醇代谢，使胆固醇氧化物不能沉淀于血管壁上，这样便可防止动脉粥样硬化的发生。但是，铬是毒性元素，尤其是六价铬毒性更大，在天然矿泉水中必须加以限量。

（16）锶（Sr）：锶是人体必需的微量元素。人体所有的组织中都含有锶，人体中99%的锶集中在骨骼中。锶在人体中的主要功能是参与骨骼的形成。锶与心脏、血管的功能有间接的关系，它的作用机制是通过肠道内锶与钠离子的竞争，减少肠道对钠的吸收，增加钠的排泄。因此，锶的适量摄入有预防心血管疾病的作用。锶还与神经和肌肉的兴奋有关，副甲状腺功能不全等原因引起的抽搐病人，不仅缺钙，而且还缺少锶。因此，临床上曾经用各种锶化合物治疗荨麻疹和副甲状腺功能不全引起的抽搐症。人体每日需摄入锶约1.9 mg。

缺锶会阻碍人体的新陈代谢以及骨骼的形成。

（17）偏硅酸（H_2SiO_3）：偏硅酸在天然矿泉水中有较高的含量，是生物体必需的元素组分，也是矿泉水中特征性的组分。我国饮用天然矿泉水中，偏硅酸型矿泉水占多数。

硅以偏硅酸形式存在于水中，易被人体吸收。硅分布于人体关节软骨和结缔组织中，硅在骨骼钙化过程中具有生理上的作用，促进骨骼生长发育。硅还参与多糖的代谢，是构成一部分葡萄糖氨基多糖羧酸的主要成分。硅与心血管病有关。据统计，含硅量高的地区冠心病死亡率低，而含硅低的地区冠心病死亡率高。硅可软化血管，缓解动脉硬化，对甲状腺肿、关节炎、神经功能紊乱和消化系统疾病有防治作用。此外，偏硅酸对各类无机铝盐有良好的吸附沉降作用，使它不被人体吸收，因而有排除毒素、保护人体健康的作用。人体每日需摄入硅约3 mg。

在湖北省老河口市有一种叫六股泉的偏硅酸饮用天然矿泉水。经调查发现，长期饮用这一泉水的人群，比邻近没有饮用这个泉水的人群平均寿命要高8.3岁；心血管疾病和肿瘤死亡人数占群体人数的百分比（5%）也比邻近地区低得多。

吉林省敦化市秋里沟乡有一个玉泉村，村里人饮用水的偏硅酸含量为52～58.5 mg／L，周围村庄有许多克山病、大骨节病和地方性甲状腺肿大等地方病患者，而玉泉村则无一例。外地患者落户到这个村，病情也不再发展。村里人丁兴旺，老寿星多，人均寿命比周围村子长。

（18）溴（Br）：溴对人体的中枢神经系统和大脑皮层的高级神经活动有抑制作用和调节作用，可安神。溴广泛应用于治疗神经官能症、自主神经紊乱、神经痛和失眠等疾病。人体每日需摄入溴约7.5 mg。

长期饮用含溴矿泉水可满足人体中溴的代谢需求，有利于身体健康。

（19）氟（F）：氟是形成坚硬的骨骼和牙齿必不可少的元素，它以氟化钙的形式存在，对骨骼和牙齿的健康生长起到重要作用。人体每日需摄入氟约2.4 mg。

缺氟可造成龋牙（蛀牙）。

（20）碳（C）：碳是人体必需的微量元素。富含游离二氧化碳在250 mg／L以上的天然矿泉水称为碳酸矿泉水，是大自然赐予的天然汽水。饮用碳酸矿泉水能增进消化液的分泌，促进胃肠蠕动，助消化，增强食欲。还可提高肾脏水分排出的能力，起到洗涤组织和利尿作用，因此对治疗消化道肠胃病、胃下垂、十二指肠溃疡、慢性肝炎、便秘、胆结石、肾盂肾炎、支气管炎等都具有较好疗效。

缺碳易产生消化道肠胃病、胃下垂、十二指肠溃疡、慢性肝炎、便秘、胆结石、肾盂肾炎、慢性喉炎、支气管炎等。

（21）矿化度：水中溶解性固体又称矿化度，是水中阴阳离子等无机可溶性固体组分的总和。它是水中矿物质含量的综合性指标，主要由钙、镁、钠、钾等阳离子和重碳酸根、硫酸根、氯化物等阴离子及溶解性二氧化硅等组成。矿物质含量较高的矿泉水，可以补充人体对常量组分钠、钾、钙、镁离子的需要，对调整人体电解质平衡有一定意义。矿物质含量高的矿泉水中，人体必需的微量元素一般也相

——地学知识窗——

水在人体组成中的位置

从营养学上看，维持人体生命的主要营养素有水分、蛋白质、脂肪、碳水化合物、维生素和核酸等。水分占人体体重的65%以上，脑组织含水量约为85%，血液含水量高达90%。因此，水是维持人体生命极其重要的营养素。

对较高。而且，某些溶解性总固体含量较高的硬水对防治高血压和心血管系统疾病也有一定积极作用。

综上所述，矿泉水是一种理想的人体微量元素补充剂，也是十分宝贵的矿产资源。饮用矿泉水中富含硅、锂、锌、硒等特征元素，对人体健康十分有益，现今已经成为世界畅销商品。

医疗矿泉水与保健作用

泉水应用于人类的医疗保健有着悠久的历史，早在4 000多年前，在医药尚未发展的远古时代，人们便借助于大自然的恩赐，利用矿泉水治疗疾病。我国古代史料中有"神农尝百草之滋味，水泉之甘苦，令民知所避就……"的记载。

对人体具有医疗价值的矿泉水称为医疗矿泉水，它实际上是一种天然的无机药水。这类矿泉水常以温泉的形式出现。许多医疗矿泉已成为温泉洗浴场所、疗养地或旅游胜地。如早已闻名的陕西华清池，被称为"中国四大名温泉"的北京小汤山、南京汤山、广东从化、辽宁汤岗子温泉等。随着人们对温泉疗养的日益重视，医疗矿泉水"强身健体、宁气提神"等的医疗保健作用被越来越多的消费者接受。

——地学知识窗——

矿泉水特征组分含量多好还是少好？

饮用天然矿泉水国家标准9项界限指标规定了下限，一项也没有达到下限就不能称为饮用矿泉水；同时有些元素也规定了上限，超过上限也不能认定为饮用矿泉水。在上、下限之间，矿物质含量越多越好，达到一定量时可能成为珍贵矿泉水或医疗矿泉水。

根据国家标准《天然矿泉水地质勘探规范》（GB／T 137271992），医疗矿泉水水质标准包括有医疗价值浓度、矿水浓度、命名矿水浓度3个指标（表3-1）。

表3-1 医疗矿泉水水质标准

成分	有医疗价值浓度	矿水浓度	命名矿水浓度	矿水名称
二氧化碳（mg／L）	250	250	1 000	碳酸水
总硫化氢（mg／L）	1	1	2	硫化氢水
氟（mg／L）	1	2	2	氟水
溴（mg／L）	5	5	25	溴水
碘（mg／L）	1	1	5	碘水
锶（mg／L）	10	10	10	锶水
铁（mg／L）	10	10	10	铁水
锂（mg／L）	1	1	5	锂水
钡（mg／L）	5	5	5	钡水
锰（mg／L）	1	1		—
偏硼酸（mg／L）	1.2	5	50	硼水
偏硅酸（mg／L）	25	25	50	硅水
偏砷酸（mg／L）	1	1	1	砷水
偏磷酸（mg／L）	5	5		—
镭（g／L）	10^{-11}	10^{-11}	$>10^{-11}$	镭水
氡（Bq／L）	37	47.14	129.5	氡水
水温（℃）	≥34	矿化度（g／L）	<1 000	淡温泉

目前，医疗用的矿泉水主要有氡水、硅酸水、氟水和硫化氢水等。各类型矿泉水的医疗保健作用如下：

1. 氡水

氡矿泉水的生物学作用主要指其蜕变过程中氡及其分解发出的 α、β、γ 射线对机体产生的医疗效应。氡的蜕变半衰期为3～8天，经过几周即可完全消失，因而对人体不会产生毒害。氡能促使皮肤血管收缩和扩张，调整心血管功能，可治疗高血压及某些心血管疾病。氡水浴对神经系统的功能有特殊敏感性，可调整神经功能平衡状态，有催眠、镇静、镇痛作用，对神经炎、关节炎有良好疗效。对物质代谢有促进作用，同时具有使妇女恢复通经、延缓早衰、男子恢复青春的功能，故称"返老还童泉"。

2. 硅酸水

对骨骼钙化速度有影响，在关节软骨和结缔组织的组成中必不可少，对消化道系统疾病有很好的医疗作用。浴疗特别适宜于湿疹、痒疹、牛皮癣、荨麻疹、瘙痒症及阴道炎、附件炎等妇女生殖器官黏膜疾病。

3. 氟水

据北京小汤山疗养院氟水浴疗临床经验，氟水对治疗皮肤病有显著疗效。

4. 硫化氢水

具有软化皮肤、溶解角质、灭菌、杀虫作用，对各种皮肤病有较好的治疗效果；可使植物性神经系统兴奋活跃，用于需要兴奋的患者，如神经损伤、神经炎、肌肉瘫痪等；能促进关节浸润物的吸收，缓解关节韧带的紧绷，适用于各种慢性关节疾病。

5. 锶水

有强壮骨骼、提高智力、延缓衰老和养颜等辅助疗效。

6. 锌水

对神经衰弱、各种神经痛、末梢神经炎、腰肌劳损、骨折等病症有一定疗效。

7. 锂水

对中枢神经系统有调节功能，能安定情绪，可降低神经错乱症的发病率；能改善造血功能状态，使中性粒细胞增多，吞噬作用增强，提高人体免疫机能。锂在体内还可替代钠，起到防治心血管疾病的作用。

8. 碳酸水

《中国矿泉与医疗》中记载，由于碳酸泉水一般是低温冷泉水，用于治疗时可促使皮肤毛细血管先收缩后扩张，血压下降，减少血液循环中的血流阻力，增进静脉回流，起到保护心脏的作用。

9. 溴水

具有消炎止痛、降血压、调节神经系统的功效和作用。溴泉水浴疗对神经官能症、自主神经功能紊乱症、神经痛和失眠症等疾病有显著疗效。

10. 碘水

用碘泉水浴疗法（图3-5）有促使炎症病灶吸收、扩张血管、提高代谢功能和刺激支气管分泌的作用。碘泉水浴疗适用于动脉硬化、甲状腺功能亢进、风湿性关节炎、皮肤病等。

▲ 图3-5 碘泉水浴

综上所述，医疗矿泉、温泉水内含有硅酸、H_2S、溴、碘、锶、氟、氡、锂、硅等30多种矿物质和微量元素。明代名医李时珍的《本草纲目》中记载："温泉主治诸风湿、筋骨挛缩及肌皮顽痹、手足不遂、无眉发、疥癣诸症……"温泉的神奇疗效早在汉代时即为世人所知，东汉科学家张衡撰写的《温泉赋》中就有"有疾疠兮，温泉泊焉""览中域之珍轻，无斯水之神灵"之说。温泉具有消炎止痛、降血压、调节神经系统的功效和作用，对皮肤病、风湿性关节炎、腰肌劳损、肢体麻木、神经衰弱等30多种疾病有显著疗效（表3-2）。

表3-2　　　　　　　　　　常见医疗矿水的医疗作用及适应性病症简表

矿水名称	医疗作用	适应性病症
碳酸水	对心血管疾病、肥胖病及各种代谢障碍疾病有良好疗效	循环机能不全、高血压、轻度冠心病、心肌炎、血栓后遗症、多发性神经炎、慢性盆腔炎、创伤等
硫化氢水	所含硫化氢的作用所致，适用于浴疗	循环机能不全、早期脑血管硬化、多发性神经炎、风湿性关节炎、骨关节病、慢性盆腔炎、湿疹、皮肤瘙痒、创伤等
溴水	能抑制中枢神经系统并有镇静作用	神经官能症、自主神经紊乱症、神经痛、失眠症等
碘水	浴后可降低血脂，使脑磷脂明显下降	动脉硬化、甲状腺功能亢进、风湿性关节疾病、皮肤病等
锶水	对便秘、肠胃疾病、口腔溃疡、龋齿、腰腿痛、风湿病、高血压、糖尿病等症有减轻和消除疗效	临床上用多种锶化物治疗荨麻疹、皮肤病和副甲状腺功能不全引起的抽搐症
铁水	适用于饮用及浴用	贫血、皮肤病、慢性妇科病
硅水	对皮肤黏膜有洁净、洗涤作用	湿疹、牛皮癣、荨麻疹、瘙痒症、阴道炎、附件炎、妇女生殖器官黏膜疾病等
砷水	修正和调节正常造血功能，改善病态	贫血、慢性失血性贫血
氡水	主要是氡及其分解产物 ^{218}Po、^{214}Pb、^{214}Bi 等所发出的 α、β、γ 射线对机体产生效应	高血压、冠心病、内膜炎、心肌炎、关节炎、神经炎、皮肤病等

Part 4 中外矿泉水大观

　　矿泉水是水、热量、特殊化学成分在一定地球化学条件下的结合。全世界各地均有矿泉水分布，它们有的来自无人居住区的天然冰川，有的来自森林保护区的地下岩层；有海岛天然沉积水，也有火山岩层储水；有水龄过万年的原生态水，也有近于纯净的冰河水。矿泉水的形成分布规律深受地质构造、火山活动、地形地貌、地层岩性、地下水类型等因素控制。

全球矿泉水精华

矿泉水是从地下深处自然涌出的或经人工揭露的、未受污染的地下矿水，含有一定量的矿物盐、微量元素或CO_2气体。在通常情况下，其化学成分、流量、水温等动态在天然波动范围内相对稳定。

一、全球矿泉水分布

全世界各地均有矿泉水分布，但主要集中分布在法国、德国、意大利、美国和西班牙等地。

全球各地的天然矿泉水，有的来自无人居住区的天然冰川，有的来自森林保护区的地下岩层；有海岛天然沉积水，也有火山岩层储水；有水龄过万年的原生态水，也有近于纯净的冰河水。这些矿泉水都富含多种重碳酸盐和钾、钠、钙、镁四种宏量元素以及钡、锡、氟、硅、锶、铁、铬、锌、钴、钼、硒、镍等十余种微量元素，并且各种盐分和离子比例与人体所需基本一致，能很好地补充人体必需的微量元素，满足人体健康的需要。

二、全球矿泉水特点

全球各地天然矿泉水的共同特点，就是都未经任何的物理和化学加工，都经过了严格的科学检测和常年的追踪监制，水质纯净、远离工业污染是它们的基本特征。为了保护水源地，所在国家对其中一些矿泉水进行了限量开采和销售，这使它们变得更加珍稀。

三、全球名牌矿泉水

关于全球矿泉水的文献资料较少，下面仅简单介绍全球十大矿泉水以及法国的几种名牌矿泉水。

1. 日本法内矿泉水（图4-1）

取自日本富士山火山带下600 m的含水层。渗透过火山岩的雨水，含有独一无二的矿物质成分（Ca、Mg）和高浓度的硅元素。

2. 英国希顿矿泉水（图4-2）

源自英国南部汉普郡的白垩丘陵，泉水口感清甜，天然低钠，钙含量相对较高，对治疗高血压和降低胆固醇有良好效

图4-1 日本法内矿泉水

图4-2 英国希顿矿泉水

用，也是烹饪野味佳肴的极佳选择。

3. 西班牙皇家圣蓝矿泉水（图4-3）

对各种疾病有奇特功效，口感怡人略带苦涩。圣蓝矿泉水从1790年开始正式生产，距今已有200多年历史，是全世界第一种具备所有对"人体健康"要求和高品质条件的矿泉水。

4. 美拉尼西亚斐济矿泉水（图4-4）

源自美拉尼西亚（太平洋三大岛群之一），被认为是地球上最纯净的水。夏季雨水经过火山岩的净化，保持了水的纯净，含有丰富的对面部皮肤非常有益的二氧化硅。

图4-3 西班牙皇家圣蓝矿泉水

图4-4 美拉尼西亚斐济矿泉水

5. 新西兰拓地矿泉水（图4-5）

来自新西兰普伦蒂湾的天然矿泉水，取自地底300 m的含水层，钠含量较高，含少量其他矿物质。

6. 西班牙马格纳·卡布雷罗拉矿泉水（图4-6）

来自加利西亚东南部的小城贝林。这是一种与众不同的矿泉水：表面上看上去跟其他矿泉水没有什么区别，但是水中含有极细微的二氧化碳气泡，这些气体原本是依附在水底岩石表面的。

7. 挪威芙丝矿泉水（图4-7）

它是世界上最纯净的矿泉水之一，取自经过几个世纪岩石与冰层保护的地下含水层，低钠，含微量其他矿物质元素，对缓解高血压以及辅助低盐量的节食有很大的帮助。

▲ 图4-5 新西兰拓地矿泉水

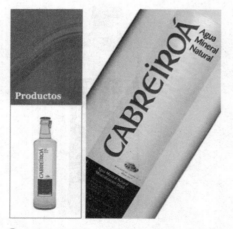

▲ 图4-6 西班牙马格纳·卡布雷罗拉矿泉水

▲ 图4-7 挪威芙丝矿泉水

8. 西班牙加泰罗尼亚威域矿泉水

来自赫罗纳的天然矿泉水。这种矿泉水中注入有二氧化碳，并添加了碳酸酐，是一种有药用价值的矿泉水，它的含碳成分使其健康而新鲜。

9. 意大利圣碧涛天然矿泉水（图4-8）

起源于1956年，可以追溯到威尼斯共和国时代。圣碧涛源自阿尔卑斯山脉北部东段的多洛米蒂山，矿泉水取自威尼斯地区地下275～310 m处，经过天然过滤，富含多种对人体有益的矿物质和微量元素。

▲ 图4-8 圣碧涛天然矿泉水

10. 意大利圣蓓露矿泉水（图4-9）

发源地为阿尔卑斯山下靠近贝加莫的一个泉眼。水中含有细小柔和的气泡，入口有微微刺激感，有助于消化。它的pH常年保持在7.7。

11. 澳大利亚云珠牌矿泉水（图4-10）

它来自塔斯马尼亚西北方的国王岛，这里是世界上拥有最纯净的空气和水的地方（比世界卫生组织的标准还要高400倍！）。

圖4-9　圣蓓露矿泉水

圖4-10　云珠牌矿泉水

12. 法国的几种名牌矿泉水

法国是最早生产矿泉水的国家之一，其消耗量在西方国家中名列前茅，平均每人年饮用量可达55 L。法国生产的矿泉水有50多种，其中质量属上乘者有以下几种：

（1）依云矿泉水（图4-11）：采自最少有15年历史的冰川石岩层。是法国较为大众化的一种味美可口的无汽矿泉水，

图4-11　依云矿泉水

其矿化度适中，钠含量低（5 mg／L），适于婴儿、高血压和肾结石患者饮用。这种矿泉水是由法国一位绅士在1789年于奥弗涅地区发现的。当时这位绅士患有肾结石，因一时病发疼痛至极，喝了些取自当地卡莎泉的泉水。泉水入肚，病痛骤然消失。后经化验分析，发现其中成分利于消除肾结石。

（2）毕雷矿泉水（图4-12）：产自法国加尔省，是一位名叫佩里埃的医生在1870年发现的。这种矿泉水为天然汽水，打开瓶盖，可见细泡冒个不停。饮之略带酸味，不仅可口，而且还极有助于消化。美国人对这种矿泉水推崇备至，称其为"地球奉献给人类的第一软饮料"。据称，许多减肥者都十分喜欢喝毕雷矿泉水。作为饮料，与白酒同饮，可给人飘然欲仙之感。

（3）康特瑞泽维尔矿泉水：此种矿泉水历史悠久，很早便被用作药用滴剂，其硫酸钙和硫酸镁的含量很高，是市场上销售的一种极利尿的无汽矿泉水。

（4）微姿矿泉水（图4-13）：产自法国维希城附近，是一种具有多种疗效的泉水。这种矿泉水富含碳酸氢钠，因而极有助于消化，是西方宾宴上常见的上等饮料。

（5）波多矿泉水（图4-14）：产自法国圣·嘎尔米埃地区的巴杜瓦泉，发现于18世纪，是法国历史最久的饮用矿泉水之一。此种矿泉水为天然汽水，含有极适量的氟（1.3 mg／L），十分有利于预防龋齿。据说，圣·嘎尔米埃地区的孩子几乎个个都有一口白净的牙齿，牙齿的健康程度在法国可数第一！

（6）富维克矿泉水（图4-15）：是来自法国火山岩层的天然矿泉水，水源位于法国欧维纳火山公园核心的普盖山丘，周边环境都受到了严密的保护，原产地罐装，矿物含量低却含有稀有的微量元素，

▲ 图4-12 毕雷矿泉水

▲ 图4-13 微姿矿泉水

▲ 图4-14 波多矿泉水

▲ 图4-15 富维克矿泉水

富含矽，pH常年保持在7，全年的水源温度为8℃。1965年政府正式批准其为商业矿泉水。在法国的各类矿泉水中，富维克

矿泉水的钙质含量最少。因矿化度小，水质纯净，易于将牛奶中的蛋白成分析出，适合用来稀释牛奶，供婴儿饮用。

中国矿泉水荟萃

我国幅员辽阔，矿泉水资源分布较广。据不完全统计，我国已发现的各类矿泉水点达几千个，遍布全国。

一、中国矿泉水分布

全国范围内天然饮用矿泉水分布很广，尤以东南、华南各省分布较多，川西、滇西以及藏南地区分布也较为密集，华北、西北地区相对较少。各类矿泉水中以碳酸、硅酸、锶矿泉水为数最多，约占全部矿泉水的90%，含锌、含锂矿泉水相对较少，而含碘、含硒矿泉水为数更少。

按矿泉水类型的不同，对我国矿泉水资源分布概述如下（图4-16）：

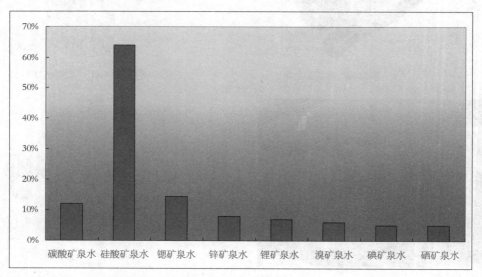

图4-16　中国矿泉水资源类型含量图

1. 碳酸矿泉水

我国已开发的饮用碳酸水点有30多处，占全国饮用矿泉水点总数的12%，主要分布在黑龙江、吉林、辽宁、广东、云南、福建、青海、浙江、江西、湖南、广西等省区。

2. 硅酸矿泉水

水中H_2SiO_3含量在$1\sim25$ mg／L的矿泉水称为硅酸盐矿泉水。我国已开发硅酸矿泉水点170多处，其中有90多处同时含锶，80多处为单含偏硅酸。此类型为全国分布最广的一种类型，约占总数的64%，主要分布于吉林、广东、福建、广西等省区，其余各省有少量分布。

3. 锶矿泉水

水中Sr含量在$0.2\sim5$ mg／L范围的，称为锶矿泉水。目前，全国已开发锶矿泉水点40多处，约占总数的14.5%，在数量上仅次硅酸矿泉水，各地均有分布。

4. 锌矿泉水

水中Zn含量在$0.2\sim5$ mg／L范围的，称为锌矿泉水。全国共开发锌矿泉水点20多处，主要分布于四川、广东和福建等省。

四川省大部分锌矿泉水含锌$0.2\sim1$mg／L，最高达1.84 mg／L（巴县矿泉），并含偏硅酸$30\sim107$ mg／L，水

温19℃～21℃。矿泉水主要产于三叠系须家河组砂岩含水层和侏罗系上沙溪庙组嘉祥寨砂岩含水层。

广东省已开发的锌矿泉水点至少有5处，含锌$0.22\sim1.36$ mg／L，并含偏硅酸$40\sim60$ mg／L。仅一处单含锌矿泉水（罗浮山），水温21.5℃～26℃。矿泉水均产自花岗岩分布区。

福建省含锌矿泉水资源丰富，已发现40余处，含锌$0.2\sim1.7$ mg／L，个别达到4 mg／L。主要产于花岗岩裂隙含水层，多为矿泉井水。

5. 锂矿泉水

水中Li含量为$2\sim5$ mg／L范围的，称为锂矿泉水。全国开发的锂矿泉水点超过20处，约占矿泉水点总数的7%，主要分布于广东、云南和四川等省。

云南已开发的锂矿泉水点至少有4处，含锂$0.2\sim0.4$ mg／L，其中有3处为碳酸、锶、偏硅酸复合类型，主要产自浅变质岩系裂隙含水层。

广东省已开发的含锂矿泉水点至少有5处，含锂$0.2\sim0.78$ mg／L，最高达1.30 mg／L（陆河县青龙矿泉），其中4处为碳酸型、偏硅酸、锶复合类型。

四川含锂矿泉水集中分布于重庆地区，已发现12处，含锂$0.22\sim0.45$ mg／L，并含

偏硅酸30～57 mg／L，水温19℃～21℃，主要产于侏罗系上沙溪庙组嘉祥寨砂岩裂隙含水层，以井（孔）出露形式为主。

6. 溴矿泉水

水中溴含量＞0.1 mg／L的为溴矿泉水。全国已开发的含溴矿泉水点较少，其中上海市溴矿泉水点含溴量0.65～1.15 mg／L，最高达4.79 mg／L，水温24.4℃～29.3℃。矿泉水产自白云岩岩溶型裂隙含水层。

7. 碘矿泉水

水中碘含量为0.2～1 mg／L的称碘矿泉水。据调查，该类型矿泉水仅在陕西临潼新丰镇和山东省德州市出现。

8. 硒矿泉水

水中的硒含量在0.01～0.05 mg／L时，可称为硒矿泉水。目前，国内尚未开发适用的硒矿泉水。据调查，湖北恩施地区有硒矿泉水分布。

二、中国矿泉水特点

中国天然矿泉水资源极为丰富，分布广泛，水质优良，其形成分布规律深受地质构造、火山活动、地形地貌、地层岩性、地下水类型（*主要是构造裂隙水、孔隙裂隙水*）等因素控制。

大气降水是地下水资源的主要补给源，有的地区还具备地下径流或地表水体的补给。总之，这些补给水源进入地下载体经过由浅入深的运移，不断和围岩介质进行离子交替等物化作用，在普通的地下水中富集大量对人体有益的元素，在导水和储水空间里，经过较长时间的储存，遇到出露条件便以泉、井方式溢出地表。

全国天然饮用矿泉水基本特点可归纳为：

一是埋在地层深部，沿断裂带出露

——地学知识窗——

矿泉水年龄与含矿泉水岩石年龄

矿泉水的年龄与含矿泉水岩石的年龄不能同等看待。岩石年龄是指在地球地质作用下，岩石形成的地质年代距今的年数。岩石形成越老，岩石年龄越大，岩石年龄一般少则几百万年、几千万年，多则几亿年甚至几十亿年。矿泉水年龄是水流经岩石的时间，比岩石年龄短得多。

地表；或钻井人工揭露、建矿泉井。

二是地下水通过深部循环与围岩发生化学作用，产生一定含量的对人体有益的宏量元素、微量元素或其他化学组分。

三是因埋藏地层深部，受长期溶滤作用，水质洁净，不会受到地面污染影响，不必进行净化处理。

四是水质、水量和水温动态基本保持相对稳定性。天然矿泉水的珍贵之处在于它是在自然条件下形成的。

三、中国名牌矿泉水

我国正式生产矿泉水开始于20世纪80年代。到目前为止，经主管部门正式评审认定合乎矿泉水标准并已开发利用的中国知名矿泉水有以下十几种：

1. 益力矿泉水

达能益力天然矿泉水（图4-17）是源自地下深层的天然水源，经花岗岩层长时间的自然过滤与矿化，含有独特的均衡矿物质组合——偏硅酸、钙、镁、钾等天然养分，适合身体的自然需求。

达能益力从水源保护、原水开采到生产包装，全程执行达能集团高标准的质量控制体系，为消费者提供高品质的天然矿泉水。

2. 农夫山泉矿泉水

农夫山泉的天然水产品（图4-18）来自千岛湖、丹江口、万绿湖水库等，只经简单过滤，不改变水的本质，保有水源天然特征指标。农夫山泉坚持在远离都市的深山密林中建立生产基地，全部生产过程在水源地完成。

农夫山泉股份有限公司是一家中国大陆的饮用水生产企业，以"农夫山泉有点甜"的广告语而闻名于全国各地。

🔺 图4-17 益力矿泉水

🔺 图4-18 农夫山泉矿泉水

3. 娃哈哈矿泉水

娃哈哈矿泉水（图4-19）水源地位于长白山脉地质深层，矿泉水中富含钙、钾、镁、钠、偏硅酸等矿物质。

4. 昆仑山矿泉水

昆仑山矿泉水（图4-20）是矿泉水十大品牌之一，加多宝集团旗下品牌，中国高端矿泉水品牌，中国驰名商标。昆仑山矿泉水是广州2010年亚运会官方唯一指定饮用水，中国国家网球队合作伙伴，人民大会堂宴会用饮用水。

昆仑山天然雪山矿泉水源自海拔6 000 m零污染之地——青海省昆仑山玉珠峰，经过50年以上天然过滤，是世界稀有的小分子团水。昆仑山矿泉水富含锶、钾、钙、钠、镁等多种有益人体健康的元素，符合国家标准规定的矿物质标准，呈弱碱性，有益人体健康。

5. 崂山矿泉水

崂山矿泉水（图4-21）是我国开发最早的饮料矿泉水，属碳酸氢钠质水。水质甘洌醇厚，有淡味矿泉水和白花蛇草矿泉水等品种。用崂山矿泉水酿造的青岛啤酒，香味四溢，誉满中外；用其酿造的青岛葡萄酒也独具一格，深受赞赏；若以其泡茶，更是清香甜美，令人心醉。

从20世纪50年代至今，崂山矿泉水一直是人民大会堂国宴用水及接待外国贵宾专用水，作为一种高档饮品畅销国内，并远销美国、日本、澳大利亚等十几个国家和地区，被海外人士誉为"总统饮品"。崂山矿泉水品质优良，享誉海内外，一直是全国出口量最大的矿泉水。崂山矿泉水多次荣获市、省、部及国家级优质产品称号。

6. 5100西藏冰川矿泉水

5100（图4-22）矿泉水水源位于念

图4-19 娃哈哈矿泉水

图4-20 昆仑山矿泉水

图4-21 崂山矿泉水

图4-22 西藏冰川矿泉水

青唐古拉山脉南麓，海拔5 100 m，由岩浆与地热活动所形成，千万年被冰川覆盖，零细菌，零污染。泉水在地下矿物质层经过8年以上渗透，吸收地壳中丰富的矿物质和微量元素，自然上升涌出，口感柔滑、细腻、圆润、清冽，是全球屈指可数的珍稀矿泉水资源。泉水中的锂、锶、偏硅酸三项微量元素指标均优于国家饮用天然矿泉水标准。

5100西藏冰川矿泉水是"中国优质矿泉水源"之一，是唯一获得认可的西藏水源，销量在中国快速增长的高端水市场处于领先地位。

7. 五大连池矿泉水

五大连池是一个充满神奇色彩的地方，它位于黑龙江省五大连池市，14处火山巍然耸立，5个水域相连的堰塞湖镶嵌在群山脚下。这里的矿泉水（图4-23）

能治疗多种疾病，被当地群众称为"圣水"。近百年来，端午节前周围数百里范围内的汉、满、达斡尔等族人民，络绎不绝地来到这里饮水欢歌，久而久之，端午节已成为当地的"饮水节"。

区内发现多处矿泉，以药泉山附近的南泉、北泉、翻花泉和火烧山附近的抗大泉最为著名。泉水无色透明，有大量的气泡自水中连续逸出，滚滚若沸。含游离碳酸气达1.72～2.59 g/L，亚铁26.8 mg/L，矿化度0.89 g/L。水温常年在5℃～6℃，属弱矿化含铁的碳酸泉，水化学类型为重碳酸镁钙型。目前，药泉山附近建有60多处矿泉疗养院，泉水对消化系统、神经系统疾病的疗效甚佳。

8. 长白山天池矿泉水

天池矿泉水水源位于吉林省安图县白河镇长白山自然保护区，矿泉出露区地处

图4-23 五大连池矿泉水

长白山火山群之中，泉水（图4-24）中含有游离碳酸气0.78 g/L，硅酸60 mg/L，并含有钼、硒、锶、锌、锂等微量元素，矿化度0.93 g/L，水温18℃，属含硅酸和铁的碳酸泉，水化学类型为重碳酸钙镁型。

9. 龙川霍山矿泉水

龙川霍山矿泉水水源位于广东省龙县川梅子坑。泉水（图4-25）含游离碳酸气1.9 g/L，并含锶、锌、硅酸等组分，水温

33℃，属含硅酸的碳酸泉，水化学类型为碳酸氢钠质水。

14. 深圳健龙矿泉水

深圳健龙矿泉水水源位于深圳市上步岭，于1981年打井找水时发现。泉水（图4-26）含游离碳酸气1.14～1.26 g/L，硅酸48.8～101.4 mg/L，亚铁11～20 mg/L，并含硒、锂、锶等微量元素，矿化度1.45 g/L，水温26℃，属含铁和硅酸的碳酸泉，水化学类型为重碳酸钙质水。

▲ 图4-24 长白山天池矿泉水

图4-25　龙川霍山矿泉水

图4-26　深圳健龙矿泉水

山东矿泉水聚珍

泉水是水、热量、特殊化学成分在一定地球化学条件下的结合。山东省处于亚欧板块与太平洋板块相连处，地壳活动活跃，为矿泉水的形成创造了有利的地质条件。

一、山东矿泉水分布特点

山东是矿泉水资源非常丰富的省份。矿泉水点数多、类型多、资源量大（图4-27）。

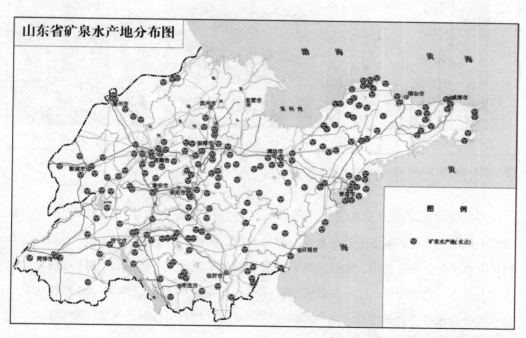

图4-27 山东省矿泉水产地分布图

全省范围内矿泉水资源分布不均。山东省的矿泉水点主要集中在鲁东和鲁中山区，鲁西北及鲁西南地区矿泉水点较少。

山东矿泉水点的政区分布很不均匀，全省17地市中，矿泉水点最多的是青岛市，达105处，占全省总点数的27.7%；

居第二位的是烟台市，共42处，占总点数的11.08%；居第三位的是济南市，共41处，占总点数的10.82%；矿泉水点数最少的是东营市，仅2处，占总点数的0.53%（图4-28）。目前，仍有20多个县（区）尚未进行饮用天然矿泉水的勘查与评价工作。

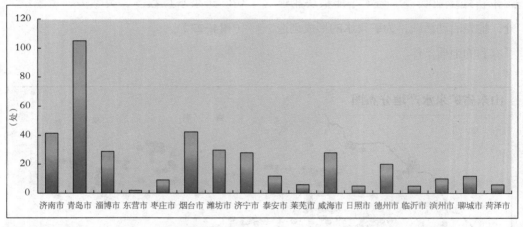

图4-28 山东省矿泉水点数政区分布图

不同类型的矿泉水分布有一定的区域性。从不同类型矿泉水的分布来看，锶型矿泉水主要分布在鲁中，偏硅酸型矿泉水主要分布在鲁东地区，锶—偏硅酸型矿泉水主要分布在沿海地带和济南—潍坊一带，特殊类型矿泉水如碘型矿泉水主要分布在德州一带。

锶型矿泉水主要分布在济南、淄博、潍坊、济宁、烟台等市，而威海、东营尚未发现锶型矿泉水（图4-29）。

偏硅酸型矿泉水主要分布在青岛、威海、烟台、临沂，占偏硅酸型矿泉水总量的80%以上，而济南、东营、滨州尚未发现偏硅酸型矿泉水点（图4-30）。

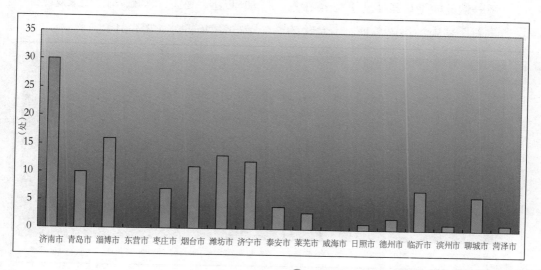

图4-29 山东省锶型矿泉水点数政区分布图

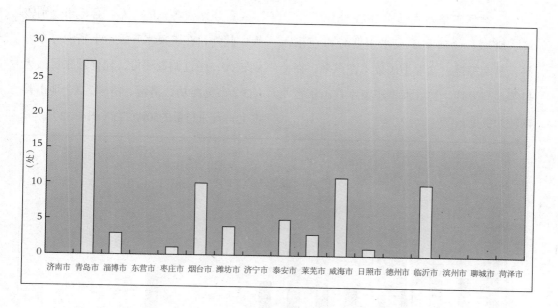

图4-30 山东省偏硅酸型矿泉水点数政区分布图

锶—偏硅酸型矿泉水主要分布在青岛、烟台、威海、济南等地，占总量的80%以上，枣庄、聊城、菏泽尚未发现锶—偏硅酸型矿泉水（图4-31）。

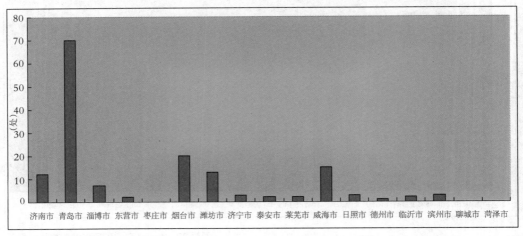

图4-31　山东省锶—偏硅酸型矿泉水点数政区分布图

含碘型矿泉水主要分布在德州、菏泽、聊城；含锌型矿泉水主要分布在东平、莒南等地；含溴型矿泉水在东平、临邑等地有发现。锌、溴型矿泉水在山东省内较为少见。

矿泉水资源量的分布，各地市差别较大。此外，在矿泉水开采量上省内分布差别较大，经过调查评价，允许开采量最大的3个市为潍坊、济南、济宁，3个地市共占允许开采总量的50%左右（图4-32）。

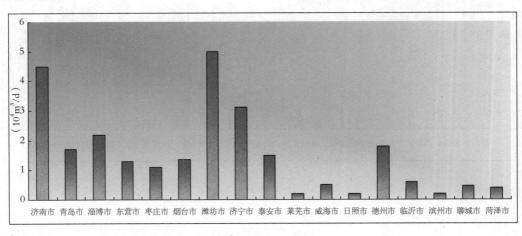

图4-32　山东省矿泉水允许开采量（$10^4 m^3/d$）政区分布图

二、山东矿泉水类型

山东矿泉水类型有13种之多，主要类型有7种。这7种类型矿泉水又可归到锶型、锶—偏硅酸型和偏硅酸型3个大类中（表4-1）。其中，锶—偏硅酸型矿泉水点分布最多，达156处；其次是锶型矿泉水，有124处；第三位是偏硅酸型矿泉水，有70处；尚有其他类型19处，不再单列。

表4-1 山东矿泉水主要类型划分简表

大 类	主要亚类	代表性矿泉水点
锶 型	锶（亚）型 碘—锶型	郯城清泉寺、济南历城泺源、菏泽牡丹泉
锶—偏硅酸型	锶—偏硅酸（亚）型 锌—溴—锶—偏硅酸型 碘—锶—偏硅酸型 锌—锶—偏硅酸型	青岛崂山、蓬莱大王山、即墨梦露、东平唐龙、梁山水浒、莒南映荷
偏硅酸型	偏硅酸（亚）型	黄岛珠山、威海活龙山

不同类型矿泉水在各类岩石中的分布具有一定的规律性，锶型矿泉水多赋存在碳酸盐岩中；偏硅酸型矿泉水多赋存在花岗质岩类和长英质片麻岩类中；锶—偏硅酸型矿泉水多赋存在花岗质岩类、玄武岩及火山碎屑岩中；碘—锶型等矿泉水几乎全部产于砂层及被松散沉积物直接覆盖的砂岩中。

三、山东矿泉水特点

山东矿泉水具有矿泉水点数多、类型较多、水化学类型复杂、矿化程度较低、赋存岩类及矿泉水含水岩组齐全、岩性复杂、受构造控制明显、单井出水量差异大等特点。

山东省矿泉水类型较多，但达标元素比较单一。山东省已查明的矿泉水类型多达13种，但达标元素仅5种。

山东省不同类型矿泉水的单井出水量差异较大。据对全省已评价的矿泉水点单井出水量的统计，锶型矿泉水平均单井出水量最大，达1 240 m³/d；偏硅酸型矿泉水平均单井出水量最小，仅162 m³/d。

根据山东主要含水岩组所赋存的矿泉水情况分析，不同类型矿泉水的分布与含水岩组类型的相关性十分密切。

山东矿泉水水化学类型十分复杂，按舒卡列夫分类法分类，山东已通过鉴定的所有矿泉水的水化学类型多达40余种。

——地学知识窗——

什么是山泉水？

山泉水是水源流经无污染的山区，经过山体自净化作用而形成的天然饮用水。水源可能来自雨水，或来自地下，并暴露在地表或在地表浅层中流动，水体在层层滤净与流动的同时也溶入了对人体有益的矿物质成分。

矿泉水的矿化程度较低，在已查明的矿泉水点中，有94.2%属于淡矿泉水。

在沉积岩类、变质岩类和岩浆岩类3大成因岩类中，均发现赋存有不同类型的矿泉水。锶型和含碘型矿泉水多分布在以碳酸盐岩为主的沉积岩类中；偏硅酸型和锶—偏硅酸型矿泉水主要赋存在花岗质岩浆岩和长英质变质岩类岩石中。

矿泉水赋存的岩性比较复杂。山东省内矿泉水赋存岩石种类达30多种。不同类型矿泉水在各类岩石中的分布，具有一定的规律性。

矿泉水点的分布受断裂构造控制比较明显。矿泉水的类型与断裂构造的方向性虽然没有明显的关系，但各类型矿泉水受断裂构造的控制程度却有所不同。受断裂控制程度最高的是偏硅酸型矿泉水，含碘等其他类型矿泉水受控程度较低。

各地层单元中均赋存有矿泉水，但分布很不均一。山东的矿泉水分布在各地质时期所形成的地层中，从新太古代泰山岩群和胶东岩群至第四系等各套地层单元中均发育有矿泉水，且不同时代地层对矿泉水的形成有着明显的控制作用。

山东省不同类型矿泉水氚浓度的高低与其年龄有关。埋藏较深且补、径、排条件差的矿泉水氚浓度低，反映矿泉水年龄相对较长；反之，埋藏较浅且补、径、排条件较好的矿泉水氚浓度高，反映矿泉水年龄相对较短。

四、山东名牌矿泉水

山东省开发矿泉水的厂家已有百余家，但绝大部分没有真正像崂山矿泉水那样形成规模、创出名牌。矿泉水的开发要走规模化生产、集团化销售、创名牌效应之路，进一步提高天然矿泉水知名度，突出特色、打造品牌，做大做强矿泉水产业，拉长产业链，带动相关产业的发展，借鉴外地经验，把矿泉水做成地方"名片"。

1. 青岛崂山矿泉水

青岛崂山矿泉水（图4-33）水源地位于青岛市崂山仰口，是采自崂山地下117 m深层花岗岩隙间，经过多年地下自然涌动，不受任何污染，口感甘洌圆润，富含钙、钾、镁、钠等多种人体必需的矿物质和微量元素，是罕见的锶—偏硅酸型、低矿化度珍稀优质天然矿泉水。形成机理为含CO_2的水垂直下渗至花岗岩（有时含基性脉岩）裂隙中，经长期的循环过程，水与岩石发生溶解—沉淀反应，除石英发生微弱溶解外，主要发生铝硅酸盐（如长石、角闪石、黑云母、橄榄石和辉石等）的不全等溶解，受水岩作用的影响，使岩石的成分一部分进入高岭石、蒙脱石，一部分进入水中，形成含Sr和H_2SiO_3的矿泉水。

崂山矿泉水的优异品质令许多世界知名的矿泉水都望尘莫及。曾有诗为证："防病强身即是仙，青松泰岱伴年华。深知海上长生药，不及崂山第一泉。"矿泉水水质清澈甘洌，深受国内外人士的好评，有"琼浆玉液"之美称，一度是国宴用水和招待外宾的首选。凭借卓越的品质，崂山矿泉水从投产之初就开始批量出口，产品远销东南亚各国、美国、日本、巴拿马等国家，至今仍保持全国同行业出口量第一的桂冠。

图4-33 青岛崂山矿泉水

2. 淄川太河醴云矿泉水

淄川太河醴云矿泉水（图4-34）水源地位于淄博市淄川东南部山区的太河镇境内，境内无污染源，清泉自溢，水质清澈甜润。区内广泛分布寒武系石灰岩和页岩，石灰岩尤其是鲕状灰岩锶元素含量丰富，为饮用天然矿泉水的生成提供了重要物质来源，是锶型矿泉水形成的主要条件之一；页岩中锂元素含量相对丰富，是锂型矿泉水生成的重要物质来源。大气降水沿碳酸盐岩层深入地下水，不断溶解、溶滤寒武系中灰岩和页岩有益的化学元素和有益成分，逐渐形成天然饮用矿泉水。

淄川太河醴云矿泉水属珍罕的锂型天然饮用矿泉水，并含有一定的偏硅酸和锶，钙、镁搭配极为合理，属碳酸氢钠型、小分子团、天然弱碱性矿泉水，口感极佳，长期饮用对中枢神经系统和骨骼等发育有着显著的促进作用，被国土资源部地质环境检测院评为"天赐好水"。

3. 青州东夷青泉矿泉水

山东青州东夷青泉矿泉水（图4-35）水源取自云门山水脉280 m以下岩层缝隙之中的天然矿泉，富含人体所需的锂、锶、偏硅酸、锌、硒、锰、碘、铁、钙、镁、钠等微量元素，其中促进生长发育的

图4-34 淄川太河醴云矿泉水

锶和偏硅酸的含量均达到国家标准，是罕有的复合型优质天然矿泉水。矿泉水常年水温恒定，口感甘甜、清冽，晶莹剔透，溶解渗透力强，天然富含锶及其他多种矿物质和微量元素，易被人体吸收，是优质的茶、咖啡伴侣。用这种水泡茶，能使茶的色、香、味与各种营养成分和药理功能得到最大限度的发挥。

4. 章丘百脉泉矿泉水

山东百脉泉矿泉水（图4-36）水源地坐落于章丘东北隅的鸣羊山，远离城市工业污染，地处于大地构造单元新华夏第二隆起带，以玄武岩为主。这种地质构成具备产出天然矿泉水的最佳条件。

百脉泉矿泉水赋存于侏罗纪上统三台组长石、石英砂岩孔隙裂隙中，水中富含锶、偏硅酸、锌、铜、铁、锰、碘、钙、镁、钠等多种有益于人体健康的矿物质及微量元素，其中能软化血管、加强骨骼健康、促进生长发育的锶和偏硅酸的含量达到国家标准，是为数不多的复合型优质天然矿泉水。

百脉泉微矿山泉水去掉了大部分的矿物盐、碳酸钙，保留了部分微量元素、矿物质，口感清冽甘甜，为饮用之佳品。

▲ 图4-35 青州东夷青泉矿泉水

▲ 图4-36 章丘百脉泉矿泉水

5. 青岛福山长寿矿泉水

青岛福山长寿矿泉水（图4-37）水源位于莱西市福山，是天然饮用含钒矿泉水，源自1亿年前火山喷发形成的火山角砾岩和太古界胶东群地层老变质岩，属于距今20多亿年前的古老变质岩。福山长寿

图4-37 青岛福山长寿矿泉水

矿泉水之所以矿物质含量丰富，一是经过了1亿年前火山喷发形成的火山角砾岩；二是经过了20多亿年以前太古界胶东群地层的古老变质岩，新、老地层岩石中的矿物质共同溶解于水中，水的类型为重碳酸钙型，在胶东地区独一无二。

该矿泉水化学性质稳定，pH为7.7～8.2，属弱碱性矿泉水，有利于维持人体正常的渗透压和酸碱平衡，促进新陈代谢，加快疲劳恢复，总矿化度为460 mg／L，属最适合人类饮用的中矿化

度天然矿泉水。由于水中活性钙含量较高，可以说是人们补钙的天然好饮料。另外，此水还含有氡、钼、锌、硒、铬、锗、钴、碘、钒、锰等30多种人体正常生理活动必需的微量元素。其中，有"防癌抗癌元素"之称的钼含量达到13.1 μg/L，钒元素含量达19.6 μg/L，是中国唯一发现的天然含钒水，世界范围内也属罕见。

6. 济南趵突泉矿泉水

济南趵突泉矿泉水（图4-38）水源位于济南南部山区，历经千万年，各种成分基本稳定，无任何污染，钙、镁呈离子状态存在，极易被人体吸收，可以有效补钙强壮骨骼，增强免疫力，延缓衰老。偏硅酸、锶等成分可以满足身体对微量元素的需求，软化血管，降低血脂，恢复血管弹性，清除血管内壁沉积脂肪，从而有效保护心脑血管正常机能。

趵突泉矿泉水pH为7.11～8.00（弱碱性）；锶元素含量为4.55 mg/L，达到国家标准的10倍以上；偏硅酸含量为42.9 mg/L，是国家对矿泉水要求标准值的2倍；而且常年18℃的恒温确保了水源品质的稳定。现代医学证明，离子态的钙、镁、锶以及偏硅酸成分可以快速渗透入细胞膜，清除体内有害物质，促进体内酸性代谢物排出，清除自由基，从而改善

酸性体质,提高免疫力,有效保护心脑血管正常机能,维持身体酸碱平衡。

7. 沂蒙环雅矿泉水

沂蒙环雅矿泉水(图4-39)水源地位于沂蒙山麓北端,青州驼山脚下,赋存于地下355 m的寒武—奥陶系碳酸岩裂隙岩溶之中。水源的补给区是青州南部山区,该区域原始自然生态保持较好,没有工业污染,大气降雨经过十多年在地下深层缓慢渗透,向北汇集形成了环雅矿泉水水源。环雅矿泉水属含锶型优质矿泉水,锶对中老年人的骨骼系统、心血管系统和高血压具有很好的医疗价值。环雅矿泉水还含有钙、镁、钾、钠、偏硅酸等微量元素,长期饮用环雅矿泉水不但能补充人体内的微量元素,而且能加快离子交换,促进血液循环,有软化心脑血管、抗疲劳的作用。环雅矿泉水的pH是7.4,呈弱碱性,有利于平衡人体酸碱度,改善细胞代谢功能。

◀ 图4-38 济南趵突泉矿泉水

◀ 图4-39 沂蒙环雅矿泉水

Part 5 矿泉水开发及保护

　　人类有关矿泉水的历史文化可追溯至公元前2000年，古希腊传说中消除人间疾病的女神就住在矿泉。公元前500年的文献中记载着硫黄泉治好皮肤病的例子，"神泉"受到先民的顶礼膜拜。公元3世纪的古罗马时代，矿泉水的开发和利用已初具规模，盛传罗马城有矿泉浴场860余个。随着罗马帝国的衰落，统治者禁止水浴，但劳动人民创造的罗马浴池并未消失，现已成为文物古迹供游人参观。

矿泉水开发利用历史与现状

欧洲是世界上矿泉水开发最早的地区，其中以法国、德国等国家的矿泉水开发历史最为悠久。矿泉水作为饮用水始于19世纪末和20世纪初。二战结束后，矿泉水开发速度加快，产量和人均消费量急剧上升，矿泉水品种就有上百种。

一、矿泉水开发利用历史

1. 国外矿泉开发历史

很早以前，在国外，矿泉水浴或热水浴被认为是保持健康和治疗疾病的主要方法。埃及人将矿泉水洗浴当作是神圣的仪式；犹太教徒把在约旦河中洗浴或在其他溪流、水塘和泉中洗浴作为一种宗教活动。

古希腊把艾斯库累普（Esculapius）塔建在矿泉附近，艾斯库累普是希腊神话中的医神。雅典人在埃维亚（Euboea）岛上洗硫化氢泉浴，祛病驱邪。

1826年，法国贵族饮用依云（Evian）矿泉水，发现其对泌尿系统疾病有疗效，便开始批量生产，从此该矿泉闻名于世。法国的毕雷（Perrier）矿水自古就为人所知，其水源的形成要追溯到100万年以前，是当今世界矿泉水品牌之一。

意大利的圣蓓露泉位于阿尔卑斯山脉，14世纪就已驰名于世，1899年开始瓶装生产。

2. 我国矿泉开发历史

我国是最早发现并利用矿泉的国家，在出土的甲骨文中就有泉的记载，《诗经》中就有十几首诗提到泉水。

我国对矿泉水的开发利用也有着悠久的历史。人们从利用天然温泉治疗疾病开始发展到饮用，经历了漫长的历史时期。有关利用温泉进行强身祛病的记载，在明代李时珍的《本草纲目》、北周庾信的《温泉碑文》、东汉张衡的《温泉赋》等史籍资料中都能找到。但是真正把矿泉水作为饮料饮用却是近代的事。有关资料表明，我国的第一瓶矿泉水于1931年生产于青岛崂山，是德国商人罗德维投资建厂生产的爱乐阔（ALAC）健康水，即后来的崂山矿泉水。我国饮用天然矿泉水大规模的开发利用则开始于20世纪80年代初期。

二、我国矿泉水开发利用现状

1. 瓶装饮用天然矿泉水的开发利用概况

回顾矿泉水产业的发展历史，从20世纪80年代初至今，大约经过了四个发展阶段。

初步发展阶段：20世纪80年代初至80年代中期，瓶装矿泉水作为一种新型产业，在改革开放的前沿阵地广东、福建、长江三角洲及津京等地区相继出现，并向全国发展；高速发展阶段：从20世纪80年代中期至90年代初期（最高峰在1993～1994年），矿泉水市场从沿海向内地、由南方向北方迅速扩张，矿泉水企业也如雨后春笋般地迅速在全国各地建立和发展，矿泉水产品的年产量以30%以上的速度增长，迅速成为食品饮料行业

中新的增长点；停滞和萎缩阶段：从20世纪90年代初期到90年代中后期（最低潮在1997～1998年），由于受到国家宏观经济调控以及纯净水等新型饮用水产品的挑战，矿泉水市场出现低潮；复苏和稳步发展阶段：自20世纪末至今，矿泉水企业经过低潮期市场的自然淘汰和重新组合，开始逐渐走向复苏并稳步向前发展。

目前，我国矿泉水开发利用存在的主要问题有：

一是矿泉水产品类型单一，优质品牌少。我国目前90%以上的矿泉水是偏硅酸型、锶型或两者组合型，名牌产品少，缺少自己的特色。

二是矿泉水资源开发利用布局不合理，发展不平衡。由于受到地域、经济发展等多种因素影响，矿泉资源开发缺乏统一规划，布局不尽合理，一些地区相同类型产品的矿泉水厂过分集中，相互竞争激烈。

——地学知识窗——

为什么矿泉水中有时会有矿物盐沉淀？

当矿泉水从地下涌出来后，由于温度变化，压力下降，二氧化碳逸出，水中重碳酸根便与有些矿物质化合成矿物盐沉淀。冰箱中取出的矿泉水更易产生此现象。这是矿泉水国家标准所允许的，稍加摇动就会再溶解，不影响矿泉水的质量、卫生和口感。

三是对矿泉水水源地缺乏严格的卫生防护措施。部分厂家没有按照有关规定建立严格的卫生防护带，更没有明显的隔离带。有的矿泉水水源井附近卫生条件差，周围杂草丛生，堆满生活垃圾和杂物，甚至有污水排水沟在水源井附近通过，这些极易对矿泉水水源产生污染。

四是部分瓶装矿泉水产品的质量不达标，主要反映在卫生指标不能达到国家标准。某些设备厂家生产的水处理设备达不到产品规定的技术要求。劣质矿泉水产品的出现影响了优质矿泉水产品的销售，甚至严重影响了矿泉水行业的发展。

2. 我国医疗矿泉水开发利用概况

目前，我国天然出露的热矿泉水点在2 500处以上，其中大部分都具有一定的医疗价值，其矿泉水水温和所含的物质组分，对人体有医疗保健作用。

医疗矿泉水可分为冷矿泉和热矿泉两类，水温<25℃的为冷医疗矿泉水，≥25℃的为热医疗矿泉水。

我国冷医疗矿泉水资源不多见，大多属低温碳酸型矿泉水，水温低于20℃，游离二氧化碳超过1 g/L，二氧化碳气体占气体总量的70%以上，矿化度一般为0.5～3 g/L，水化学类型多为重碳酸钙型水。冷医疗矿泉水主要分布于五大连池、大兴安岭、长白山、辽东半岛、内蒙古高原、祁连山中段、青海东部、广东东江流域和江西南部。典型的冷医疗矿泉水如五大连池矿泉水，水温一般低于5℃。该矿泉与法国维希矿泉、俄罗斯北高加索矿泉并称为世界三大冷泉，享有"圣水""神水"的美誉。五大连池矿泉水中含有大量的二氧化碳气体，游离二氧化碳含量在1 000～2 000 mg/L，是法国维希矿泉的2倍；此外，还含有氡等对人体有益的微量元素。在五大连池，人们利用矿泉进行洗疗、泥疗已有久远的历史。

我国热医疗矿泉水分布广泛。热矿泉的共同特点是温泉水点出露多，矿化度高，含有多种对人体有益的特殊气体和化学成分。由于热矿泉水具有较高的温度，含有特殊的水化学成分、气体、少量的生物活性离子以及放射性元素等，如二氧化碳、硫化氢、氮气等气体，锶、锂、锌、铁、碘、溴、氟等微量元素，以及镭、氡、氦等放射性物质，对人体具有明显的医疗保健作用。

在我国已出露的温泉中，约40%以上已被开发利用（图5-1）。目前，我国已建立具有一定规模的温泉疗养院200多家。人们利用热矿泉进行蒸疗、浴疗、泥疗，对治疗皮肤病、关节炎等疾病具有良好的疗效。另外，我国已建成人工地热井1 000多眼，地热开发的力度越来越大。热矿泉除用于温泉疗养外，还大量用于温泉洗浴、温室养殖、供热取暖、发电。另外，高矿化的热卤水还可以用来提取重要的化工原料。

目前，我国医疗矿泉水开发利用存在的主要问题有：

一是我国医疗矿泉水还未出台正式的强制性的国家标准，仅在推荐性的国家标准《天然矿泉水地质勘探规范》（GB/T 13727—92）附录了"医疗矿泉水水质标准"，缺乏权威性和强制性。

图5-1 温泉

二是热矿泉资源浪费现象严重。相当一部分地区天然的温泉自流水没有充分利用，白白流淌。再就是有的井采地热水回收率低，弃水温度高。

三是不同地区地热资源的开采利用程度很不平衡，一些地区过量开采，造成地热水位持续下降，严重影响地热资源的可持续开发利用。

三、矿泉水开发利用对策建议

矿泉水是宝贵的矿产资源，为了充分利用并保护好矿泉水资源，促进矿泉水行业的健康发展，现提出如下对策建议：

1. 全面规划，合理布局

要进一步开展矿泉水资源调查评价工作，并在调查的基础上制定矿泉水开发利用总体规划，对矿泉水的产品类型、开采量、建厂规模等进行科学规划，正确引导矿泉水产业的合理布局和发展。积极引进外资，合作开发，扩大国外市场。

2. 严格管理，节约和保护资源

严格执行国家保护和节约资源、保护环境的基本国策，按规定程序开发，按限量要求开采。

3. 增强质量意识，坚持国家标准，确保产品质量

要进一步制定和完善矿泉水法规、标准和技术规范，强化开发、生产、销售等环节的科学管理，逐步实现规范化、制度化开发。

4. 依靠科技进步和创新，推进矿泉水产业的发展

国土资源、卫生等部门以及矿泉水企业要加强合作，开展开发利用技术的研究，推广先进技术应用。

5. 加大医疗矿泉水的开发利用力度

特别要加强热医疗矿泉水的开发和应用，扩大应用领域，发展热矿泉水的梯级利用，减少浪费，提高资源利用效率。

总之，我国矿泉水行业还处于初期发展阶段，有着广阔的发展前景。我国人口数量超过13亿，但目前我国人均年消费瓶装水量（包括矿泉水和纯净水）只有5 L，而意大利人均年消费矿泉水量已达120 L之多，法国人均年消费矿泉水数量也为70 L。与发达国家相比，我国人均消费矿泉水的水平是很低的，这与我国的经济发展状况是不相称的。随着人们生活水平的进一步提高，人们越来越需要喝干净的水，喝有营养价值的水。可以预见，随着我国经济社会的发展，我国的矿泉水市场将会逐步扩大，矿泉水行业有着广阔的发展前景。

矿泉水水源地的保护

矿泉水不同于地表水和普通地下水，它来自地下数千米深处，经过数十年、上百年、上千年甚至上万年的深部循环。在地质作用下形成的，含有一定量的矿物质和微量元素，特别是微量元素，来源只有地壳和海水，不能像维生素那样可以合成，是稀缺资源。矿泉水未受污染，形成周期长，资源有限，是已超越了水的属性的宝贵矿产资源。

——地学知识窗——

地下多深才算地下深处？

这个问题目前并没有明确的量的概念，但可以这样来认识：矿泉水与当地地表水和浅层水、潜水没有直接联系，就具备了深储的条件。这是因为它们中间有一个隔水层，使地表水、浅层水、潜水不能渗到下面，这个隔水层以下就可以认定为地下深处。

饮用天然矿泉水含有丰富的宏量元素和微量元素，并且未经污染，是人体的一种理想的矿物质补充来源。由于全球性的水质污染，这种可口、洁净、富有矿物质营养的饮用矿泉水就显得更加珍贵了。医用矿泉水是人类最宝贵的医疗水资源，温泉和地下热水是洁净而廉价的新能源。

人类要十分珍惜和保护这些可贵的资源，严防它们遭受任何形式的污染。

矿泉水必须是在特定的地质条件下和特定的区域内经过长期的地质作用而形成的，必须含有一定量的矿物盐、微量元素或二氧化碳气体；通常情况下，其化学成分、流量、水温等动态在天然波动范围内相对稳定。因此，矿泉水水源地的认定必须符合国家《饮用天然矿泉水》（GB 8537—2008）规定的要求。

为保证矿泉水质量，使矿泉水水源免受污染和破坏，在矿泉水的开发利用过程中要注意对矿泉水水源周围环境的保护，要重视和加强矿泉水水源地的地质环境评价和保护工作，结合矿泉水的类型、水源地的地质环境条件等因素制定合理的矿泉水资源保护开采规划。矿泉水是流动的，随着时间的推移，工业建设、社会环境、水的补给情况都会发生变化，其水质、水量也可能发生改变，因此要加强矿泉水水源的年检工作。

对矿泉水水源地进行保护，防止矿泉水污染，主要有以下措施：

一是用混凝土、石垛、木架等构筑物，把泉源圈围起来，以防地面污水、雨水、尘埃、落叶等进入，污染泉水。

二是利用泉水建立的水源厂、瓶装饮料矿泉水厂与沐浴疗养院所，应设在接近泉源的下游方向，既避免泉水成分发生变化，也可以减少污染。

三是修建储水池积储泉水，然后用导管从储水池将水引到使用场所时，导水管必须采用能够防腐、强度大而且不易污染的材料制造，可视不同成分的泉水而分别选用木材、竹管、铁管、不锈钢、石灰管、岩石水泥管以及塑料管等。导水管要密封，一年要清洗几次，以防止矿泉水色度、温度、口味、化学成分与气体组分发生变化，并防止矿泉水受到污染。

四是开凿新泉眼应由地质部门科学、合理地钻探，禁止乱掘泉孔，乱砍树木，乱盖房屋之类的建筑物，以免造成泉孔的枯竭。

五是严禁在泉水上游（即泉水的补给区）排放工业废水、废渣、生活污水、

——地学知识窗——

矿泉水为什么不宜冰冻？

矿泉水矿化度较高，冰冻时温度急剧下降，钙、镁离子等在过饱和条件下就会结晶析出，造成感官上的不适，但不影响饮用。矿泉水国家标准中规定："在0℃以下运输与储存时，必须有防冻措施。"所以，矿泉水宜冷藏，但不宜冰冻。

垃圾粪便等废弃物；禁止乱放垃圾粪便、化学肥料与农药等，以防止泉水污染。

六是要及时管理、妥善处置干涸的泉眼和报废的井孔，不能使井口杂草丛生，禁止往井内乱扔废物。不可把废井当作排水沟、下水道、垃圾箱，以免腐烂发臭了的污水及垃圾废物严重污染地下水体。

矿泉水具有较高的经济价值，不能一概将具有较高温度的矿泉水作为单纯热能用水而任意开采，不能将饮用矿泉水作为一般性生活用水或生产辅助性用水来使用，否则会造成水源浪费，使地下水位急剧下降，造成泉群消失、水质恶化。应当开展矿泉水的综合利用，做到物尽其用，发挥矿泉水的最大作用。

矿泉水产地的卫生防护在矿泉水开发过程中至关重要，关系到矿泉水水资源能否安全、持续、稳定地开发。

矿泉水是在特定的水文地质和水化学条件下形成的，是难得的水气矿产资源，为了确保矿泉水资源能够长期安全开采，同时促进矿泉水企业发展，加强矿泉水资源的卫生防护是十分必要的。根据矿泉水形成的水文地质和水化学条件，参照《饮用天然矿泉水》（GB 8537—1995）标准中的有关要求，对矿泉水区设置三级卫生防护区（图5-2），第一级为严格保护区；第二级为限制区；第三级为监察区。

图5-2　矿泉水井保护区

一、Ⅰ级保护区（开采区）

范围包括矿泉水取水点、引水及取水建筑物所在地区。

保护区边界距取水点最少为10～15 m。对天然出露型矿泉水以及处于卫生保护性能较差的地质、水文地质条件时，范围可适当地扩大。

范围内严禁无关的工作人员居住或逗留；禁止兴建与矿泉水引水无关的建筑物；消除一切可能导致矿泉水污染的因素及妨碍取水建筑物运行的活动。

二、Ⅱ级保护区（内保护区）

范围包括水源地的周围地区，即地表水及潜水向矿泉水取水点流动的径流地区。

在矿泉水与潜水具有水力联系且流速很小的情况下，二级保护区界离开引水工程的上游最短距离不小于100 m；产于岩溶含水层的矿泉水，二级保护区界距离不小于300 m。当有条件确定矿泉水流速时，可考虑以50 d的自净化范围界限作为确定二级保护区的依据，亦可用计算方法确定二级保护区的范围。

范围内禁止设置可导致矿泉水水质、水量、水温改变的引水工程；禁止进行可能引起含水层污染的人类生活及经济—工程活动。

三、Ⅲ级保护区（外保护区）

范围包括矿泉水资源补给和形成的整个地区。

在此地区内，只允许进行对水源地卫生情况没有危害的经济活动。

此外，矿泉水也属于资源，在其开采过程中要注意控制矿泉水的开采量，防止因过度开采导致水位下降，泉水断流，矿泉水资源枯竭，达标元素含量降低，水质恶化。各矿泉水生产厂家应该限量开采，节约用水，加强矿泉水水量、水质监测，并及时根据监测报告对矿泉水进行合理开采，在保护矿泉水资源的同时，确保矿泉水厂的持续、稳定生产。

参考文献

[1]彭海昀, 等. 胶东半岛地区饮用天然矿泉水资源开发与保护初议[J]. 资源与环境, 1990, 2(2): 66-71.

[2]高殿琪. 山东饮用天然矿泉水资源开发形势与现状[J]. 资源与环境, 1990, 2(2): 71-73.

[3]陈德生. 湘东南硅酸—锶矿水化学特征及形成条件[J]. 湖南地质, 1989, 8(2): 46-51.

[4]郑继民, 曹钦臣, 赵广清. 青岛地区玄武岩蓄水条件初探[J]. 青岛海洋大学学报, 1992, (2).

[5]高国华, 等. 矿泉水的评价与合理开发利用[M]. 北京: 地震出版社, 1990.

[6]华致洁, 高明. 几种饮用天然矿泉水类型的水化学特征及其形成条件[J]. 南京大学学报, 1991, 3(1).

[7]谷振峰. 山东饮用天然矿泉水及其勘查与保护[J]. 山东地质, 2002, 18(3-4): 84-87.

[8]徐军祥, 康凤新. 山东省地下水资源可持续开发利用研究[M]. 北京: 海洋出版社, 2001,11-19.

[9]吴爱民, 程秀明, 赵书泉, 等. 济南泉水[M]. 济南: 黄河出版社, 2003.

[10]吴季松. 现代水资源管理概论[M]. 北京: 中国水利水电出版社, 2002.

[11]高宗军, 张兆香. 水科学概论[M]. 北京: 海洋出版社, 2003.

[12]朱宛华. 你想知道矿泉水吗[M]. 北京: 地震出版社, 1992.

[13]全国饮料标准化技术委员会. GB/8537—2008 饮用天然矿泉水[S]. 北京: 中国标准出版社, 2009.

[14]国家技术监督局, 中国地质科学院水文地质工程地质研究所, 国家矿产储量管理局. GB/TB727
　　—1992 天然矿泉水地质勘探规范[S]. 北京: 中国标准出版社, 1992.